L'ÉCONOMIE

RURALE

DE CATON.

TRADUCTION

D'ANCIENS OUVRAGES LATINS

RELATIFS A L'AGRICULTURE

ET A LA

MÉDECINE VÉTÉRINAIRE,

AVEC DES NOTES:

Par M. SABOUREUX DE LA BONNETRIE, Ecuyer, Avocat au Parlement, & Docteur Aggrégé de la Faculté des Droits en l'Université de Paris.

TOME PREMIER,

CONTENANT

L'ÉCONOMIE RURALE DE CATON;

AVEC FIGURES.

A PARIS,

Chez P. Fr. DIDOT, le jeune, Libraire, Quai des Augustins.

M. DCC. LXXI.

Avec Approbation, & Privilege du Roi.

A MONSIEUR

BERTIN,

MINISTRE

ET SECRÉTAIRE D'ÉTAT.

MONSEIGNEUR,

Le but que je me suis proposé en entreprenant la Traduction que j'ai l'honneur de Vous présenter, est d'étendre le goût pour un Art, qui, tout important qu'il est, avoit été trop négligé parmi nous, avant que

Tome I.

a

Vous euffiez daigné l'honorer de Votre attention particuliere. Je fens que le plus fûr moyen de parvenir à ce but, feroit de tracer ici le tableau des progrès que l'Agriculture doit à Votre protection; mais Votre modeftie, plus jaloufe de faire fructifier cette partie d'Adminiftration, que de recevoir le tribut de louanges dû à Votre bienfaifance, m'impofant un filence abfolu, je me reftrains à faire paroître Votre nom à côté de celui des plus célebres Agriculteurs de l'ancienne Rome, bien convaincu qu'il excitera dans le cœur de toutes les perfonnes fenfibles au bien public, les mouvemens de la plus jufte reconnoiffance. Je fuis avec le plus profond refpect,

MONSEIGNEUR,

Votre très-humble & très-obéiffant ferviteur,
Saboureux de la Bonnetrie.

PRÉFACE.

IL n'a pas été difficile, vû le petit nombre de membres qui composent les deux premiers Ordres de l'Etat, de fixer les rangs entre eux, & cette opération une fois réglée sur toutes causes liées avec le Gouvernement, comme sur les Charges & les Dignités, l'éclat & l'ancienneté de l'illustration & autres semblables, l'économie Politique s'est trouvée intéressée à en maintenir la consistance & la durée.

Mais il n'en est pas de même du troisieme Ordre: la multitude de gens de toute espece dont il est composé, est elle-même un obstacle à ce que les rangs y soient fixés d'une maniere invariable, & quand on tenteroit de le faire, comme toutes les distinctions que l'on pourroit introduire à cet effet entre personnes qui n'ont point une influence immédiate sur le Gouvernement, ne pourroient jamais être fondées que fur des motifs particuliers, l'économie Politique n'auroit pas le même intérêt à en affurer la ftabilité.

De-là, tant de variations fur cet objet dans les idées, fuivant la différence des fiecles & des Gouvernemens. J'en pourrois citer en preuve nombre de profeffions qui paffoient pour viles aux yeux de nos Ancêtres, & qui ne le cedent point aujourd'hui aux états les plus honorables; mais mon but n'étant pas de déprimer qui que ce foit, puifque je ne veux au contraire que relever une profeffion trop avilie, je ne citerai que cette profeffion même, fi refpectable aux yeux de la faine raifon, mais aujourd'hui fi peu honorée, qu'il femble qu'on ne puiffe plus l'exercer fans être confondu au dernier rang des Citoyens, fous des dénominations finon injurieufes, au moins méprifantes (1); comme fi ceux qui travaillent fans ceffe à nous procurer

---

(1) La fauffeté de nos idées s'eft étendue jufques fur la Langue: les mots de *manant* & de *payfan*, qui naturellement ne fignifient rien autre chofe qu'un habitant, puifque l'un vient du mot Latin *manere*, *demeurer*, & l'autre du mot *pays*, préfentent aujourd'hui une idée toute différente, & qui vient à l'appui de ce que nous difons.

la satisfaction des besoins les plus essentiels de la vie, étoient plus dans le cas d'avoir à rougir de nous être utiles, que nous n'avons à rougir nous-même de payer les services qu'ils nous rendent, & dont nous ne pouvons nous passer, de l'ingratitude la plus caractérisée.

L'Agriculture étoit bien autrement honorée par ces Rois fameux (2) & ces illustres Généraux (3) de l'Antiquité, qui encourageoient leurs peuples à s'y livrer, en leur en donnant eux-mêmes l'exemple, ou qui instruisoient de cet Art non-seulement leurs contemporains, mais encore les siecles futurs, par les préceptes consignés dans leurs Ouvrages.

Pouvoit-elle être plus honorée qu'elle ne l'étoit par le plus célebre de tous les peuples, lorsqu'il alloit chercher des Agriculteurs aux champs pour les mettre à la tête des Armées, & qu'il les arrachoit de la charrue pour les élever au Consulat & à la Dictature (4) ; à moins qu'on ne regarde comme une illustration encore plus grande

____

(2) Cyrus, Hiéron, Philométor Attalus, Archélaüs, &c.

(3) Xénophon, Magon le Carthaginois.

(4) Voy. Columelle dans la Préf. du Liv. I.

celle qu'elle recevoit de ces Agriculteurs eux-mêmes, lorsqu'abdiquant leurs Dignités, ils ne dédaignoient point de retourner à leurs premieres occupations, & de dépoſer les Faiſceaux pour reprendre leurs inſtrumens ruſtiques.

En vain l'orgueil des ſiecles poſtérieurs chercheroit-il dans la pauvreté de ces temps anciens de quoi ternir l'éclat de ce ſpectacle auguſte, puiſque, dans les temps les plus floriſſans de la République Romaine, on a encore ſouvent vû les Sénateurs (5) les plus diſtingués renoncer aux emplois brillants de la Ville, & ſe retirer à la campagne, comme dans un port aſſuré & dans un lieu de repos, pour s'y adonner aux exercices champêtres.

Enfin n'étoit-elle pas honorée encore juſqu'à un certain point par ces Maîtres du monde, qui, ne pouvant ſe diſſimuler combien le Gouvernement tenoit à une profeſſion, de laquelle dépendoit la vie de tous les ſujets de l'Empire, n'admettoient que trois Ordres eſſentiels dans une ſo-

____

(5) Quelques-uns des Auteurs, dont nous donnons la Traduction, ſont dans ce cas, & ils en citent eux-mêmes un nombre d'autres dans leurs Ouvrages.

ciété policée, fçavoir, la Milice, le Sacerdoce & l'Agriculture (6) : foit qu'ils con-
fidéraffent la fociété fous un état de perfection tel, qu'elle pût fe paffer de Magiftrats, foit qu'ils vouluffent que la Magif-
trature fût comprife, conformément aux
Loix, dans l'Ordre de la Milice (7) ou
dans celui du Sacerdoce (8).

Au refte, fi notre Gouvernement n'a pas
crû devoir mettre de même l'Agriculture

----

(6) L'Auteur de la Compilation connue fous le nom de
γεωπονικα, dit à l'Empereur auquel il adreffe fon *Proœmium :
Gnarus (es) in tria hæc Politiam effe divifam, Militiam, Sa-
cerdotium & Agriculturam.*

(7) La Loi 14 Cod. *De Advocatis diverforum judiciorum,*
compare les Avocats & les Magiftrats aux Soldats : les uns
& les autres, dit-elle, font également utiles au genre humain, & fervent également l'Empire, ceux-ci par les armes qu'ils emploient contre l'ennemi, & en verfant leur
fang pour la Patrie ; ceux-là par les Loix dont ils font armés
contre les mauvais citoyens, auffi pernicieux à la Patrie que
les ennemis, & en mettant à l'abri de leurs attaques la fortune & la vie des citoyens. C'eft dans ce fens que Juftinien
dit dans le *Proœmium* de fes Inftitutes, que l'autorité ne
doit pas moins être *armée* par les loix, que refpectée par
les armes.

(8) Les Jurifconfultes avoient chez les Romains le titre
de *Prêtres* de Droit, L. 1. ff. *De Juftitia & Jure,* comme
étant fpécialement confacrés à deffervir *le Temple de la Juf-
tice,* expreffion adoptée par Juftinien lui même, pour défi-
gner fa Collection de Loix.

dans une claſſe diſtinguée, il la diſtingue
aſſez d'ailleurs par la protection particuliere dont il l'honore, pour la venger du mépris ſuſcité contre elle par la vanité des Villes, & nourri par l'oiſiveté de leurs habitans.

Ne conſidérons donc pas l'Agriculture
comme une ſucceſſion d'opérations, ſouvent ſales & toujours pénibles, que les
payſans les plus ſimples & des gens pri-
vés de l'éducation brillante des Villes,
répetent machinalement toutes les années depuis un nombre de ſiecles, ni
comme un Art dont la méthode ſoit auſſi
uniforme, que les procédés en ſont bor-
nés : conſidérons-la bien plutôt avec Cicéron (9), comme l'étude la plus conforme
à la ſageſſe, & celle par conſéquent qui
mérite le plus, que les ſçavans lui conſa-
crent leurs veilles, & travaillent à en per-
fectionner de plus en plus la méthode ;
ou bien conſidérons-la avec l'un des plus
ſçavans hommes de l'Antiquité (10), non-
ſeulement comme un Art, mais encore
comme l'Art le plus néceſſaire & le plus

(9) *De Senect.*
(10) Varron, Liv. i, de l'Economie rurale, Chap. III.

étendu qui soit au monde. Sans insister sur
sa nécessité suffisamment prouvée par l'importance de son objet, qui n'est autre que
de forcer la terre à ne pas tromper notre attente, & à se montrer obéissante à nos ef-
forts en nous procurant les nécessités de la
vie, je m'en tiendrai à démontrer son étendue, si immense, qu'un de nos Auteurs
(11) craignoit avec raison de voir la fin de
ses jours, avant d'en avoir pû acquérir
la connoissance entiere.

En effet, loin d'être circonscrite dans
des bornes étroites, non-seulement l'A-
griculture demande de l'adresse & du génie
dans la pratique des labours, de la greffe
& de la taille des arbres, comme dans les
cultures, si variées entre elles, de la vigne, des prés, des fruits, des grains, des
légumes, &c. mais elle suppose encore,
au moins dans ceux qui veulent diriger
ces opérations avec intelligence, la connoissance réfléchie & combinée des différentes qualités des terres & des climats,
ainsi que celle de leurs productions res-
pectives, puisque c'est de cette connois-

---

(11) Columelle, Pref. du Liv. 1, de l'Économie rurale.

sance que dépend la qualité des semences qu'on pourra confier à la terre, avec des espérances de récolte bien fondées : la connoissance du cours des astres & celle de la marche des saisons que ce cours ramene successivement, pour ne pas s'exposer à perdre le fruit des façons laborieuses que la terre exige, en les lui donnant à contre - temps : la connoissance de la température de l'air & celle des causes multipliées dont cette température dépend, tant pour sçavoir tourner ces causes à son profit, que pour parer aux dommages qu'elles peuvent occasionner, ou au moins diminuer, autant qu'il est en nous, leur maligité : enfin elle suppose une expérience consommée dans l'éducation des bestiaux, sans le secours desquels l'Agriculture ne rempliroit jamais qu'imparfaitement son objet, soit par le défaut de fumier dont la terre a un besoin fréquent pour renouveller sa vigueur, qu'une espece de grossesse continuelle ne peut manquer d'altérer ; soit par l'impossibilité où l'homme se trouveroit, vû sa foiblesse, de suffire à toutes les façons nécessaires à la terre, s'il n'affocioit à fes travaux ces compagnons doués par la nature d'une force fi fupérieure à la fienne.

Mais, d'un autre côté, le fecours que l'homme peut tirer des animaux lui feroit moins profitable que difpendieux, s'il ne fçavoit ni les entretenir en parfaite fanté, ni les guérir lorfqu'ils viennent à être attaqués de quelque maladie. C'eft auffi fous ce dernier point de vue que l'Agriculture s'étend à la Médecine Vétérinaire, cet Art fi important par lui-même, que l'un de nos Auteurs (12) n'héfite point à le faire marcher de pair avec celui qui s'occupe de la guérifon des hommes, avec d'autant plus de raifon que l'on peut fe flatter de porter le premier à un certain degré de perfection plutôt que le fecond, en multipliant fur les animaux des expériences que la nature & la Religion condamnent fur les hommes.

Eft-il étonnant, lorfque l'on confidere cette multiplicité de branches auxquelles s'étend l'Agriculture, qu'il fe foit trouvé

---

(12) Vegece, Pref. de l'Art Vétérinaire.

des personnes sensées (13), qui, frappées d'ailleurs de l'importance & de la nécessité de cet Art, ont gémi sur ce qu'il n'y avoit point de leur temps de Maitres publics destinés à l'enseigner, comme il y en avoit pour tant d'autres Arts bien moins utiles à l'humanité que celui-là? Combien par conséquent ne devons-nous pas nous estimer heureux de vivre dans un siecle auquel on n'aura jamais à faire un pareil reproche, puisqu'en même-temps qu'il voit pulluler des Sociétés d'Agriculture, toutes plus zélées les unes que les autres, il est aussi l'époque de la fondation de deux Ecoles Vétérinaires, dont les heureuses influences commencent à se répandre par-tout le Royaume, & même chez nos voisins?

C'est donc pour favoriser l'enseignement de cet Art, ou du moins pour mettre tout le monde à portée de s'initier à ses préceptes, que l'on offre au Public la Traduction des Auteurs anciens, qui en ont donné les premiers élémens. On peut re-

---

(13) Columelle, Pref. du Liv. 1. de l'Economie rurale.

garder leurs Ouvrages comme la base de l'édifice que nos Sociétés d'Agriculture travaillent à élever à l'honneur de cette profession, & si l'on y ajoute les Géorgiques de Virgile & une grande partie de l'Histoire naturelle de Pline, on aura presque tous les matériaux nécessaires pour en achever la construction.

Je ne crains pas que l'on m'accuse de chercher à prévenir le Public en faveur de ces Auteurs, en les lui présentant comme des personnages qui méritent toute sorte de considération : la plûpart sont en effet des Citoyens Romains, qui paroissent à la vérité simples dans leurs écrits, & éloignés de toute affectation tendante à les faire valoir, mais qui n'en sont pas moins recommandables, non-seulement par leur érudition, mais encore par leur habileté dans le commandement & dans le maniement des affaires publiques les plus importantes.

Si je disois qu'en lisant leurs ouvrages on croit passer ses jours à la campagne avec ces vertueux Agriculteurs, qui, après avoir triomphé des ennemis de leur patrie, bornoient toute leur ambition à jouir des richeſſes réelles de la terre, ſuffiſantes aux beſoins de l'homme, & à faire la loi à ceux qui avoient l'or & l'argent en leur poſſeſſion, j'aurois bien plutôt lieu de craindre dans ce ſiecle idolâtre des richeſſes fictives, de trouver des oreilles fermées à une morale auſſi ſublime : ainſi, ſans avoir recours à la peinture de cette vie délicieuſe, dont la félicité pourroit paroître imaginaire à bien des perſonnes, je me contenterai d'expoſer les avantages inconteſtables que tout le monde trouvera dans la lecture de ces Ouvrages.

On ne pourra, par exemple, ſe diſſimuler non-ſeulement qu'ils ſont tous recommandables, les uns par la majeſté & la briéveté de leurs oracles, les autres par l'abondance des idées & l'élégance du ſtyle, tous en général par la ſolidité des principes, & la ſageſſe des préceptes ; mais qu'ils peuvent encore être regardés comme les ſources les plus pures, d'où l'on doive puiſer des éclairciſſemens ſur des points très-obſcurs de l'antiquité, tels que les mœurs & les uſages des Romains, leur culte tant public que particulier, &c. qui pourront contribuer à l'intelligence des autres Auteurs de la Latinité.

J'avoue que notre délicatesse pourra être blessée de quelques détails minutieux semés dans ces Ouvrages, mais pour peu que l'on se rappelle leur antiquité, & que l'on remarque en même-temps que la découverte de ce qu'il y a de plus grand & de plus admirable dans tous les Arts, est souvent due aux plus petits commencemens, on s'accoutumera bientôt à y voir la Nature avec l'œil Philosophique de Pline 11, 2, & à reconnoître, comme lui, qu'elle ne se montre jamais avec plus d'appareil & de magnificence, que dans les moindres choses.

Quoique tant d'avantages réunis suffisent pour nous assurer la bienveillance du Public, au cas que nos talens aient répondu au zele qui nous a fait entreprendre cette Traduction, ils ne nous mettront pas peut-être encore à l'abri de la critique des gens indifférens aux monumens de l'Antiquité, ou de ceux qui sont infatués de la supériorité des Auteurs modernes sur les anciens.

Les premiers objecteront contre la nécessité de cette Traduction que l'usage & l'expérience, ces premiers maîtres de tous les Arts, ont fait tomber & presque anéanti le crédit des Auteurs que nous prétendons faire connoître au Public, à proportion de ce que les connoissances se sont étendues depuis eux en matiere d'Agriculture : mais je n'ai qu'une chose à leur répondre, c'est que quand il seroit vrai que les progrès dans cet Art fussent aussi réels qu'ils voudroient nous le persuader, il n'en seroit pas moins prudent & sage, pour peu qu'on voulût en faire de nouveaux, de se mettre à même de comparer les procédés de ceux qui nous ont devancés, avec les nôtres. N'étoit-ce pas pour parvenir à cette comparaison utile dans tous les temps, que les Romains, ce peuple aussi habile Agriculteur que fier Conquérant, & dont la même main tantôt battoit l'ennemi, tantôt conduisoit la charrue, ordonnerent par une Loi expresse que les Livres

vres d'Agriculture de Magon le Carthaginois seroient traduits en Latin? Politique admirable aux yeux de quiconque
sçait apprécier le mépris que cette Nation
affectoit pour tous les autres peuples de
la terre, auxquels elle ne daignoit point
donner d'autre nom que celui de bar-
bares !

Les autres publieront que plusieurs
Auteurs modernes ont moissonné à pleines mains dans ces anciens Ouvrages,
& qu'ils s'en sont appropriés les traits les
plus exquis, de façon à y laisser à peine
de quoi glaner après eux. Inutilement
même voudrions - nous en disconvenir,
puisque c'est un fait dont pourra s'assurer, en parcourant notre Traduction, quiconque sera un peu versé dans la lecture
des Ouvrages modernes; mais, quoiqu'il
en soit, on ose assurer, sans craindre de
blesser ceux qui peuvent être redevables
d'une partie de leur réputation à cette
moisson, & sans vouloir leur envier la
gloire qu'elle a pû leur procurer, encore
moins reprocher à qui que ce soit ses erreurs, qu'indépendamment de ce que nos

Tome I. b

Auteurs anciens font des mines intariffa-
bles de richeffes, le Lecteur fera toujours
abondamment dédommagé de la peine
qu'il prendra, toutes les fois qu'après la
lecture des ouvrages modernes, il conful-
tera les fources mêmes. En effet, il en eft
de ces fources comme de ces monumens
anciens de la Légiflation Romaine, dont
la fageffe a paru fi évidente à toutes les
nations, qu'ils ont mérité de devenir la
bafe de tout enfeignement public de Ju-
rifprudence, même dans les pays qui fe
font écartés des regles qu'ils contiennent.
On devine aifément que je parle du Corps
de Droit Civil, ce livre qui eft peut-
être celui qui a donné naiffance au
plus grand nombre de glofes, de commentaires, d'interprétations, de compila-
tions : or je puis affurer, fondé fur une
expérience inévitable à une perfonne de
mon état, qu'après la lecture des Ouvrages même les plus célebres qui font éclôs
de fes textes, on revient toujours avec
un nouveau plaifir à leur lecture, & que
plus on les preffe, plus on parvient à en
tirer, pour ainfi dire, un fuc épuré. En

un mot, ne rougissons point de l'avouer :
il étoit réservé aux Romains d'être nos
maîtres en Agriculture, comme ils le sont
en Jurisprudence, & pourquoi ne dirions-
nous pas comme ils le sont en Poésie,
en Eloquence & dans tous les Arts pos-
sibles.

On n'a rien négligé pour donner à cette
Traduction toute la perfection dont elle
étoit susceptible, autant qu'on s'en est
trouvé capable, & comme on n'a eu en
vue que de mettre entre les mains de tout
le monde des ouvrages trop ignorés de
nos jours, sans aspirer à la réputation
d'Auteur, on a puisé de tout côté pour
se procurer des secours, & l'on déclare
avec franchise que l'on ne réclame presque, comme étant à soi, que la partie de
cet Ouvrage, par laquelle on craint qu'il
plaise le moins, c'est-à-dire, le style & la
diction.

Ainsi on a consulté dans les difficultés
qui se sont présentées des Médecins, des
Botanistes, des Maîtres en l'Art Vétérinaire, des personnes adonnées soit par
état, soit par goût aux opérations de la

campagne, à la nourriture des beſtiaux, à la conſervation & à la conſommation des productions de la terre. On a eu ſous les yeux toutes les éditions qui ont été données de nos Auteurs, & comme à travers la multiplicité immenſe des variantes occaſionnées par celle des Manuſcrits, il étoit très-difficile de ſe fixer ſur quelque choſe de certain, on a crû ne pas devoir adopter un Commentateur plutôt qu'un autre, & on s'eſt attaché en conſéquence, ſans prédilection pour aucunes leçons, à celles qui ont paru donner le meilleur ſens & le plus complet, en ſe diſpenſant de les citer. On s'eſt même permis quelquefois de légers changemens dans les textes, mais on n'a uſé de cette liberté que très-ſobrement, & jamais dans d'autres endroits que dans ceux qui étoient abſolument inintelligibles & abandonnés par tous les interpretes : encore a-t-on pris la précaution de rendre compte de ces changemens, & d'en montrer la néceſſité.

Comme on a remarqué que les plus grandes obſcurités des textes provenoient de corrections qui ont été hafardées fur les Manufcrits, par des Grammairiens peu verfés dans les Arts, ainfi que chacun peut le reconnoître en lifant, entre autres chofes, la defcription du Preffoir de Caton, & celle de la Voliere de Varron, on s'eft fait aider dans la partie de l'Architecture, par un amateur très-intelligent (14), qui même a bien voulu fe charger de donner les deffeins des Planches explicatives du texte, avec des Notes particulieres, tant pour le faire entendre, que pour rendre raifon des motifs qui ont indifpenfablement déterminé à y faire quelques changemens.

Pour éviter de groffir cet Ouvrage par des Notes, on ne s'eft permis aucune differtation, de telle nature qu'elle pût être, ni pour combattre les fentimens des Auteurs qu'on a traduits, ni pour prendre leur défenfe contre ceux qui les ont attaqués mal-à-propos : cet objet pourra faire la matiere d'un ouvrage poftérieur, dont les matériaux fe trouveront préparés au

---

(14) M. Goiffon, de l'Ecole Royale Vétérinaire.

fur & à mefure ; mais, pour celui-ci, on s'eft contenté d'y rendre les Auteurs tels qu'ils font, de forte que le Lecteur ne trouvera dans les Notes que ce qui eft abfolument néceffaire pour l'intelligence des textes, pour l'explication des ufages anciens, & pour la connoiffance des perfonnages & des traits de l'hiftoire ou de la fable, dont il fera fait mention. Les perfonnes inftruites d'ailleurs pourront en conféquence négliger les Notes, en fe rappellant que l'on n'a eu pour but que de mettre cet Ouvrage à la portée de tout le monde.

Une des plus grandes difficultés étoit de rendre en notre langue les noms des plantes, des grains, des fruits, & généralement de toutes les productions de la terre. On croit même cette difficulté infurmontable, vû le peu de lumieres que l'on a fur cet objet, puifqu'il n'y a perfonne qui ait encore pû déterminer avec quelque certitude ce que les Romains entendoient par *frumentum*, par *triticum* & par mille autres chofes femblables de l'ufage le plus commun, dont les noms varient même chez nous, suivant les différentes Provinces : il seroit cependant bien important de sortir de cette ignorance profonde, & l'on ne sauroit trop exhorter les sociétés d'Agriculture, à tourner leurs recherches de ce côté. En attendant de nouvelles découvertes, on s'est trouvé réduit, pour vaincre cette difficulté, à la ressource bien pauvre, de s'en rapporter à un Dictionnaire connu. Celui *des Drogues simples* par M. Lemery, imprimé à Paris 1758, est celui auquel on a donné la préférence.

La variété des termes techniques de l'Agriculture, qui n'est pas moindre dans nos différentes provinces, que celle des noms des fruits, grains, légumes, &c. nous a aussi déterminés à ne nous servir que de ceux qui sont universellement adoptés, & à substituer aux autres des descriptions ou des images, auxquelles chacun pourra facilement appliquer les termes reçus dans sa Province. C'est le meilleur moyen que nous ayons trouvé pour nous faire entendre par-tout.

La réduction des poids, des mesures & des monnoies, à leurs valeurs actuelles, étoit une chose qu'on ne pouvoit pas se dispenser de faire dans un Ouvrage de la nature de celui-ci, mais on a regardé comme inutile & sujette à plusieurs inconvéniens la précaution de la faire à chaque occasion, & on a en conséquence conservé dans la Traduction leurs dénominations Latines ou Greques ; mais on a mis à la fin de chaque traité une Table, dans laquelle cette réduction sera faite, le plus souvent d'après l'excellent Ouvrage d'Eisenchmidius, *De Ponderibus & mensuris veterum Romanorum*, imprimé à Strasbourg en 1737 ; quoiqu'en adoptant les décisions de cet Auteur, comme les plus probables dans des matieres aussi obscures, on n'ait pas prétendu les garantir dans toutes leurs parties.

Il est à propos d'observer que rien n'étant plus fautif dans les manuscrits & dans tous les Livres anciens, que les nombres, on ne prétend point être à l'abri de la censure à l'égard de ceux auxquels on s'est attaché; ce sont communément ceux de l'Edition de nos Auteurs, donnée à Leipsic en 1734 par Gesner, sous le titre de *Scriptores rei Rusticæ veteres Latini*, qui ont paru les moins déraisonnables, c'est pourquoi on ne s'en est point écarté, sans rendre compte dans les Notes des motifs qui ont porté à le faire.

Enfin, à la suite de cette premiere Table, on en a ajouté une autre, où seront les noms modernes des Villes & des Pays cités dans nos Auteurs, & dans laquelle seront rappellées toutes les particularités qu'ils en débitent dans le corps de l'Ouvrage, de façon que cette Table pourra, jusqu'à un certain point, tenir lieu d'une Table des Matieres, & être de quelque utilité pour les recherches que nous venons d'exhorter à faire, sur les noms anciens des productions de la terre.

On auroit bien voulu pouvoir se dispenser de conserver les divisions par Chapitres, telles qu'elles se trouvent dans presque toutes les Editions modernes de nos Auteurs, attendu qu'elles ne sont sûrement point leur Ouvrage. En effet, il est constant que les anciens ne connoissoient point cette façon de distribuer leurs Ouvrages par Chapitres : la

seule distribution qu'ils connussent étoit
celle par Livres, encore n'y avoient-ils
recours que lorsqu'ils y étoient forcés par
l'abondance de la matiere, qui auroit formé sans cela des volumes monstrueux ; &
la variété des objets de leurs compositions
ne les y décidoit nullement, parce qu'ils
avoient l'art de lier & de fondre, pour
ainsi dire, entre-elles les choses les plus
disparates, de façon à n'en faire qu'un seul
tout, dont on ne pût pas distinguer les
joints, plus qu'on ne distingue ceux d'une
statue, où les passages d'une couleur à une
autre dans un tableau. On pourroit prouver ce que l'on avance ici par plusieurs
Ouvrages anciens, comme les Métamor-
phoses d'Ovide, & l'Histoire naturelle de
Pline, qui réunissent des matieres absolument disparates, mais qui sont si intimement liées entre-elles, qu'elles semblent
placées à propos pour être lues à la suite
les unes des autres ; mais il suffira de citer
Varron & Columelle. Rien n'est en effet
plus sensible que la liaison qui se trouve
dans leurs Économies rurales, & quand
on ne seroit pas assuré d'ailleurs par les

anciens Manuſcrits , qu'elles n'étoient point diviſées par Chapitres, on ne pourroit pas s'empêcher de reconnoître que cette diviſion, telle qu'on la trouve dans les éditions modernes, eſt auſſi contraire aux vues de leurs Auteurs, qu'elle répugne en bien des occaſions au ſens commun, en ſéparant les articles les plus néceſſairement unis entre eux. Quoiqu'il en ſoit, on a crû devoir reſpecter ces diviſions par Chapitres, tout abſurdes qu'elles ſont ſouvent, pour laiſſer aux Lecteurs la facilité de comparer les différentes parties de la Traduction , avec les Editions qu'ils pourront avoir à leur diſpoſition.

Mais on n'a pas crû devoir uſer de la même complaiſance, à l'égard des ſommaires qui précedent les Chapitres dans la plupart des Editions , non-ſeulement parce qu'ils ſont de mains étrangeres , mais encore parce qu'ils ſont le plus ſouvent déplacés , & preſque toujours très-mal-adroitement conçus. Comment, en effet, pouvoir attribuer ces ſommaires aux Auteurs, qui, comme nous venons de le dire , ne diviſoient pas même leurs Ouvrages en Chapitres ? & s'ils étoient d'eux, seroient-ils aussi variés qu'ils le sont dans les différens Manuscrits, & les plus anciens de ces Manuscrits seroient-ils précisément ceux qui en sont le moins chargés ?

Ces observations nous conduisent naturellement à entrer dans un léger détail de la maniere dont l'usage de ces sommaires s'est introduit, & à montrer comment cet usage a été suivi d'une infinité de corruptions dans les textes.

Les anciens, comme nous l'observions à l'instant, écrivoient leurs Livres d'une seule teneur, sans les diviser par Chapitres ; ils ne connoissoient pas même les *à linea*, les points ni les virgules. Cependant ceux qui furent dans le cas d'écrire sur des matieres disparates, qu'ils prévoyoient ne pas devoir plaire à tout le monde, introduisirent l'usage des sommaires, sous le titre d'*indices*, de *summaria*, de *lemmata* : mais ils eurent soin de mettre ces sommaires à la tête (15) ou à la

---

(15) C'est ainsi que Pline, à l'exemple de Valerius Soranus, met à la fin de sa Préface, l'Index de toute son His-

fin (16) de leurs Ouvrages, pour faciliter les recherches de chacun, mais sans
les diſtribuer dans le corps même de
l'Ouvrage.

D'autres, comme notre Caton, qui
jettoient les choſes ſur le papier à meſure
qu'elles ſe préſentoient à leur eſprit, &
ſans obſerver aucun ordre, indiquerent
par les premieres paroles de leur compoſition, la matiere dont ils alloient traiter.

Ces deux méthodes donnerent lieu à
un premier abus, qui fut bientôt ſuivi
de pluſieurs autres. En effet les copiſtes
mirent d'abord en marge les ſommaires
de l'Auteur, vis-à-vis les endroits de l'Ouvrage auxquels ils pouvoient avoir quelque rapport, ou les paroles du texte qui
indiquoient la matiere dont l'Auteur alloit
traiter, ou quelquefois même des ſommaires de leur invention, dans le cas où ceux
de l'Auteur, pour être déplacés, répondi-

---

toire naturelle, qui compoſe à lui ſeul le premier Livre
de cette Hiſtoire.

(16) Columelle annonce à la fin du Liv. XI. de ſon Economie rurale, par lequel il comptoit alors finir, que ce Livre
étoit ſuivi d'un *Index*. Cet *Index* a été perdu par l'injure
des temps.

rent mal au texte. Tant que ces sommaires resterent à la marge, le mal n'étoit
pas encore incurable; mais il vint ensuite
d'autres copistes, qui insérerent d'une façon absurde ces sommaires dans le texte
même; à la vérité, ils les distinguerent
d'abord du texte en les écrivant en lettres
rouges (17), mais ils furent suivis de copistes ignorans ou moins curieux d'embel-
lissemens, qui négligerent cette précaution, de sorte que c'est à ces abus succes-
sifs, que l'on doit une partie de la corruption des anciens Livres, puisque ce sont
eux qui ont donné lieu à des paroles du
texte répétées ou tronquées, ainsi qu'à des
paroles étrangeres insérées dans le texte,
& qui répugnent toutes également au sens
de l'Auteur, soit en désunissant des articles essentiellement liés ensemble, soit en
ne pouvant se rapporter qu'à une partie
des choses qu'ils précedent.

Il n'y a presque aucun de ces genres de
corruption, que nous n'ayons rencontré

---

(17) C'est de cet usage que vient le mot de *Rubrica*, connu
sur-tout dans les Livres de Droit, pour signifier les sommaires des Titres.

dans nos Auteurs , & sur-tout dans Caton ; & voici la regle que nous avons suivie , pour nous tirer de la perpléxité dans laquelle elles nous ont souvent jettés : toutes les fois que nous avons trouvé dans les sommaires des choses nécessaires à l'intelligence du texte, nous les lui avons restituées , comme étant indubitablement de Caton, quand, au contraire, le texte nous a paru intelligible sans leurs secours , nous les avons rejettées comme étant d'une main étrangere.

Après avoir rendu un compte exact de notre travail, qui, comme l'on voit, a été assez pénible, pour nous mériter quelque indulgence , par rapport aux fautes dans lesquelles nous sommes tombés , nous croyons devoir donner une notice succincte de nos Auteurs & de leurs Ouvrages.

Le plus ancien de ces Auteurs , puisqu'il remonte à une antiquité de près de deux mil ans (18) , est M. PORCIUS

---

(18) Caton mourut , selon Pline 14, 4 , vers le temps de la prise de Carthage & de Corinthe, c'est-à-dire , environ 600 ans après la fondation de Rome , & 148 avant J. C.

CATON , plus connu fous les noms de Caton l'ancien (19) & de Caton le Cenfeur (20). On peut le regarder à jufte titre comme le premier des hommes de fon fiecle en tout genre : il avoit en effet paffé par toutes les Charges importantes de la République , & mérité les honneurs du Triomphe ; il réuniffoit de plus en fa perfonne , ainfi que Pline nous l'apprend 7 , 27 , les qualités d'excellent Orateur , de Général accompli & de Sénateur parfait , à quoi on peut ajouter , d'après Valere Maxime , Liv. 8 , Chap. 7 , celle de très-bon Jurifconfulte. Ce grand homme , que les Romains regardoient comme le pere des Lettres , compofa

---

(19) C'eft le nom que lui donnent Horace, Pline & les autres Auteurs anciens , comme étant le premier de fa famille qui ait occupé des Charges diftinguées à Rome. Il étoit arriere-grand-pere de Caton d'Utique.

(20) Son intégrité & fa févérité dans l'exercice de la Cenfure , lui ont fait donner ce furnom exclufivement aux autres Catons , qui ont été également Cenfeurs : en effet fa févérité étoit fi grande qu'elle lui attira beaucoup d'ennemis de fon vivant , puifqu'il fut accufé près de cinquante fois ; mais fon intégrité mit toujours fes ennemis dans l'impuiffance de ternir fon innocence , & il fut toujours renvoyé abfous.

plufieurs

pluſieurs Ouvrages (21); mais entre tous les préceptes de toute eſpece qu'il avoit donnés à la nation Romaine, ce ſont ceux d'Agriculture qui tiennent le premier rang au jugement de Pline 14, 4, quoiqu'il ſoit le premier, pour me ſervir de l'expreſſion de Columelle 1, 1, qui ait eſſayé de faire parler Latin cet Art.

Or ce ſont préciſément ces préceptes, ſi exaltés par Pline, qui ſont contenus dans l'Economie rurale, dont nous donnons la Traduction, quoique bien des gens aient prétendu que celle qui avoit été compoſée par Caton, eſt perdue. Pour prouver la fauſſeté de leur ſyſtéme, il ſuffiroit d'obſerver que tous les paſſages cités par Plutarque, Cicéron, Varron, Columelle, Pline, Palladius & Petrus Creſcentius (22), comme tirés

---

(21) Pline, entre autres Ouvrages de lui, fait mention d'un Livre ſur la Diſcipline militaire, & de pluſieurs ſur les Origines.

(22) C'eſt l'Auteur d'un Livre très-ancien intitulé *Commodorum ruralium liber*, dédié à Charles II, Roi de Jéruſalem & de Sicile, qui a regné depuis 1287 juſqu'à 1308, dans

du Livre compofé par Caton, font rapportés ici dans les mêmes termes, ou avec très-peu de différences effentielles; joint à ce que l'Ouvrage en entier annonce l'antiquité la plus reculée, non-feulement par le langage, dont il eft aifé de reconnoître la vétufté, en le comparant à celui des autres Auteurs Latins (23), mais encore par une certaine majefté de ftyle & une gravité auftere qu'il refpire, ainfi que par la briéveté dénuée de tout ornement étranger, & approchante de celle des Oracles, qui femble y regner d'un bout à l'autre.

Mais comme il eft effentiel d'affurer

---

lequel font cités beaucoup de paffages, tirés non-feulement de Caton, mais encore de Varron & de Palladius: comme il a été à portée de confulter les plus anciens Manufcrits, nous avons mis fon Ouvrage dans la claffe des Manufcrits de ces Auteurs, & nous nous en fommes utilement fervi pour en éclaircir les endroits douteux.

(23) Il s'y trouve en effet des termes inconnus dans le refte de la Latinité, qui rendent ce Livre auffi obfcur que pouvoient l'être ceux des Pontifes, d'autant que ces termes ont occafionné des corrections de Grammairiens, qui n'ont fervi qu'à en augmenter l'obfcurité.

l'ingénuité de notre Caton d'une façon non-équivoque, nous allons réfuter les objections principales fur lesquelles on s'eft appuyé pour la révoquer en doute.

1°. Le plus ancien Commentateur de Virgile, Servius affure Liv. 2 des Géorgiques, que Caton avoit compofé fur l'Agriculture plufieurs Livres, & que ces Livres étoient adreffés à fon fils. Or on ne voit ici ni cette pluralité de Livres, ni cette adreffe au fils de Caton, puifqu'il eft à préfumer que fi Caton eût adreffé fon Ouvrage à fon fils, il l'auroit apoftrophé foit au commencement, foit à la fin, comme on le voit pratiqué par Cicéron, Varron, Columelle & tous les autres Auteurs qui ont adreffé leurs Ouvrages à quelqu'un. Quant à la pluralité de Livres fur l'Agriculture, attribuée par Servius à Caton, elle eft démentie formellement par Cicéron (24) ; le filence de ce dernier fur l'adreffe de cet Ouvrage

---

(24) *Quid de utilitate loquar ftercorandi ? dixi in eo Libro, quem de rebus rufticis fcripfi.* Cic. de Senect.

au fils de Caton , suffiroit peut-être encore pour la rendre au moins suspecte ,
mais nous ajouterons qu'elle paroît inal-
liable avec l'idée qu'en fait naître la lecture , idée qui ne permet pas de croire
qu'il fut composé pour d'autres que pour
des paysans (25). Ces erreurs de Servius ,
dont l'une est démontrée & l'autre très-
probable , me feroient soupçonner que ce
Commentateur a confondu dans sa mémoire le Livre de l'Agriculture de Caton , avec un autre Ouvrage du même
Auteur , qui étoit adressé réellement à son
fils , & qui est péri par l'injure des temps :
Pline en fait mention 7 , 51. Au surplus ,
comme l'Economie rurale de Caton ne
nous est pas parvenue complette , ainsi
que nous le dirons plus bas , rien n'empêche qu'il ne s'en soit perdu, depuis Servius , quelque fragment , par lequel on
auroit pû reconnoître qu'il l'avoit adressée
à son fils.

---

(25) Voy. la Note 1 du Chap. CLVI, de l'Economie rurale de Caton.

2°. Il semble qu'on pourroit induire de quelques passages de Pline, qu'il se trouve dans l'Economie rurale, que nous donnons comme de Caton, des choses qui ne peuvent absolument pas être attribuées à cet Auteur. Ce Naturaliste dit, par exemple, 17, 14, qu'il est aisé de voir par les Commentaires de Caton, qu'on ne connoissoit point de son temps d'autres sortes de greffe, que celle qui se faisoit entre le bois & l'écorce, ce qui paroît arguer de faux le Chapitre 41 de notre Caton, dans lequel sont décrites d'autres façons de greffer. Mais, en comparant ce passage de Pline avec un autre endroit du même Auteur (17, 15), où il cite lui-même comme de Caton, les autres façons de greffer de ce Chap. 41, on est forcé d'avouer que Pline tombe quelquefois en contradiction avec lui-même, pour se fier trop sur sa mémoire en citant ses Auteurs, & dès-lors l'objection proposée perd toute sa force.

On trouve encore un exemple semblable de contradiction dans le Chap. 13, du

Liv. 15, comparé avec le Chap. 6, du Liv. 18, puisqu'il est dit dans le premier que Caton n'a jamais fait mention des prunelles, & dans le second qu'il les a regardées comme un des signes qui dénotent une bonne terre. Il est même difficile de prononcer sur laquelle de ces deux assertions tombe l'erreur de Pline; ce qui est constant, c'est que les signes d'une bonne terre qu'il donne dans le dernier passage, comme d'après Caton, ne se trouvent point aujourd'hui dans cet Auteur : aussi le P. Hardoin a-t-il prétendu dans ses Notes, que l'on devoit lire *Magonis* au lieu de *Catonis* : mais sans avoir recours à cette correction, qui coupe plutôt la difficulté qu'elle ne la résout, j'aimerois mieux croire que les Manuscrits de Caton, dont Pline se servoit, étoient plus amples que ne le sont les éditions que nous en avons, & que son Economie rurale ne nous est parvenue que tronquée & mutilée, ainsi que beaucoup d'autres Ouvrages anciens, dont nous n'avons à proprement parler que des fragmens (26).

____

(26) On pourroit le prouver par Pline lui-même, qui dit

3°. On objecte encore contre l'Economie rurale, que nous donnons comme de

---

14, 8, que Caton, en enseignant la façon de faire du vin
de Cos avec du vin d'Italie, a preſcrit entre autres choſes *de
le laiſſer murir pendant quatre ans au Soleil*, puiſqu'on ne
trouve aucun veſtige de ce précepte dans le Chap. 112 de
l'Economie rurale de Caton, qui contient cette recette : à
moins qu'on n'aime mieux ſuſpecter Pline, avec quelques Interpretes, d'avoir confondu dans ſa mémoire ce Chap. 112
avec le Chap. 106, où Caton, en donnant la façon de faire
du vin Grec, dit qu'il faut *le laiſſer au Soleil*, non pas à la
verité pendant quatre ans, mais *pendant deux ans*, ce qui
confirmeroit le reproche que nous faiſions tout-à-l'heure à
cet Auteur ; mais indépendamment de cette preuve, en voici
d'autres auxquelles il n'y a point de replique. 1°. On lit dans
les anciens Manuſcrits, après le dernier des Chapitres qui
nous ſont reſtés de l'Economie rurale de Caton, un Som-
maire conçu en ces termes, *De oſſis Puteolanis*, qui annonce évidemment un Chapitre ſubſéquent que nous n'avons
plus. 2°. Columelle 2, 17 : 6, Pref. Cicéron, Liv. 2, *de
oſſiciis*, & Pline 18, 5, s'accordent tous trois à dire que Caton avoit prôné les prés d'une maniere toute particuliere, &
qu'il leur avoit donné la préférence ſur tous les autres biens
de campagne. Or ce ne pouvoit être que dans ſon Economie
rurale, & cependant on n'y trouve qu'un ſeul mot relatif aux
prés dans le Chap. I, encore ce mot ne s'y trouve-t-il que
pour mettre cette ſorte de biens au-deſſous des vignes, des
jardins, des ſauſſaies & des plans d'oliviers. En vain voudroit - on prétendre que ce que citent ces Auteurs comme de
Caton, étoit une tradition, qui s'étoit tranſmiſe à la poſté-
rité par ceux qui la tenoient de la bouche de Caton, puiſ-

Caton, qu'un homme de l'esprit dont
étoit cet agréable vieillard, suivant la
peinture que nous en fait Cicéron dans
son Traité de la Vieillesse, avoit dû orner son Ouvrage de quelques digres-
sions, ou au moins de quelques descriptions agréables, telles que Cicéron lui en
fait faire, & telles qu'en font Varron,
Columelle, Pline & tous les gens lettrés.
Mais loin que la simplicité de cet Ouvra-

---

que s'il s'agissoit d'une tradition pareille, Columelle en la
citant, se seroit servi de la formule dont il se sert 1, 4, en
parlant d'un précepte que Caton n'avoit donné que de vive
voix.

On a encore regardé, comme une preuve de mutilation
dans notre Caton, ce que Columelle cite d'après lui 1, 1,
*qu'il ne faut planter que des vignes qui ont une réputation
établie, & ne garder que celles dont l'expérience aura confirmé la bonté* ; mais quoique ce passage ne se trouve
point aujourd'hui dans Caton, il est possible qu'il ne s'y
trouvât pas plus du temps de Columelle en propres
termes, & que cet Auteur n'ait voulu que paraphraser le
Chap. I de l'Économie rurale, où Caton dit que *la vigne
est préférable à tout, pourvu qu'elle soit abondante en vin,
& qu'il soit de bonne qualité* : on peut dire la même chose de
plusieurs autres passages que Columelle semble avoir tirés
de Caton, & qui cependant ne s'y trouvent point en termes
exprès. Voy. 1, 3 : 12, 50, &c.

ge puiſſe le rendre ſuſpect , c'eſt préciſément ce qui doit en confirmer l'autenti-
cité, puiſque ce n'eſt qu'un recueil de leçons à la portée de gens ſimples, vis-à-vis
deſquels par conſéquent toute parade d'é-
rudition eût été déplacée : d'ailleurs ce ſeroit ſe former une idée fauſſe de Caton,
que de le juger ſur la façon dont Cicéron le fait parler dans ſon Traité de la
Vieilleſſe , puiſque dans le fait , tel eſprit
qu'eût ce vieillard , il ſe ſentoit encore de
la rudeſſe de ſon ſiecle (27).

4°. Enfin on reproche à notre Caton
un défaut d'ordre & une confuſion dans
les idées , que l'on ne peut attribuer à
cet Auteur ſans lui faire injure : par
exemple, le vœu pour les bœufs du Chapitre 83, ſe trouve enclavé entre tous
Chapitres qui traitent de la pâtiſſerie ; le
précepte relatif aux chiens du Chap. 124,
interrompt une ſuite de Chapitres , où

---

(27) *Orationes ejus ut illis temporibus valdè laudo , ſigni-
ficant enim* formam quandam *ingenii , ſed admodum* impo-
litam & plane rudem. Cic. *de Claris oratoribus.*

il eſt traité des façons de faire le vin ; &
enfin le Chap. 38 , après avoir donné la
méthode de conſtruire un four à chaux
& d'y mettre la pierre calcaire , revient
à la conſtruction de ce four. Mais indépendamment de ce que nous avons déja
remarqué , que cet Auteur jettoit ſur le
papier les choſes à meſure qu'elles ſe préſentoient à ſon eſprit , & par conſéquent
ſans s'aſtreindre à aucun ordre , il eſt
très-vraiſemblable que ces Chapitres ont
été tranſpoſés de la place que l'Auteur
leur avoit aſſignée (28) , ſoit par la négligence , ſoit par l'impéritie des Copiſtes & des Editeurs , & que c'eſt à eux à
qui l'on eſt redevable d'une grande partie
de cette confuſion.

C'eſt encore à la négligence des Co-

---

(28) On ne peut douter de cette tranſpoſition par rapport
au Chapitre dans lequel Caton traite des aſperges , puiſqu'on
voit dans Pline 19 , 8 , que ce Chapitre étoit le dernier de
tout l'Ouvrage dans les Manuſcrits de ſon temps , au lieu
qu'il eſt ſuivi aujourd'hui d'un autre Chapitre , qui n'étoit
lui-même que l'avant-dernier dans les Manuſcrits où ſe trouvoit le Chapitre *De offis Puteolanis.*

piſtes qu'on doit attribuer les répétitions que l'on remarque dans les Chapitres 22 & 151, 131 & 150, 51, 52 & 133, 91 & 129, puiſqu'autrement elles ſeroient inexcuſables de la part d'un homme, tel que nous le dépeignent unanimement les anciens, ſur-tout dans un auſſi petit Ouvrage qu'eſt celui que nous lui attribuons. En effet, quand on voudroit tenter d'excuſer ces répétitions, à peine tolérables dans un Ouvrage immenſe, par la raiſon que Caton jettoit les choſes ſur le papier à meſure qu'elles ſe préſentoient à lui, ſans ſe rappeller celles dont il avoit déja traité, cette excuſe ne pourroit pas s'appliquer à celles qui ſe rencontrent dans des Chapitres contigus, tels que le 114 & le 115, le 156 & le 157.

En un mot, quoique nous prétendions que l'Economie rurale que nous donnons, ſoit réellement l'Ouvrage de Caton, nous ne pouvons nous diſſimuler que cet Ouvrage n'eſt pas ſorti de ſes mains dans la forme ſous laquelle il paroît aujourd'hui, & qu'avant de nous parvenir, il a beaucoup souffert de l'impéritie des Copistes & de l'injure des siecles : nous avouerons même que les fragmens qui nous en restent font si mal digérés & si mal cousus ensemble , qu'ils ne nous représentent tout au plus qu'une partie du Caton véritable , ou , pour mieux dire, des membres épars de cet Auteur. Aussi aurions-nous voulu qu'il nous eût été permis, pour le rapprocher le plus qu'il eût été possible de la façon dont il a pû & dû être écrit par son Auteur, d'en retrancher toutes les répétitions, & de transposer les endroits visiblement déplacés ; mais, comme ç'eût été plutôt fabriquer ce Livre que le corriger, nous nous sommes contentés , en attendant que la découverte de nouveaux Manuscrits fournisse des secours pour cette rédaction, de marquer dans nos Notes toutes les répétitions , ainsi que les places où devroient être remis les Chapitres transposés.

M. Terentius Varron, l'un des descendans de ce Collegue de Paul Emile, que le peuple Romain remercia pour n'avoir pas défefpéré de la République après la bataille de Cannes , joignoit à cette illuftre naiffance, qui le fit parvenir aux premieres Charges de la République, la réputation de l'homme le plus docte de tous les Romains , réputation fondée principalement fur une quantité prodigieufe d'Ouvrages , entre lefquels fon Economie rurale , divifée en trois Livres, tient un rang très - diftingué , quoiqu'il l'ait compofée à l'âge de 80 ans.

En effet, cet Auteur qui vivoit dans le bon temps de la Latinité , puifqu'il étoit prefque Contemporain de Cicéron , s'étoit formé un ftyle pur & élégant, par la lecture de tous les bons Auteurs , tant Grecs que Latins , & il y avoit puifé en même-temps cette connoiffance profonde de l'Antiquité, tant fur l'Hiftoire que fur la Fable & fur les Loix , qu'il applique toujours avec intérêt aux chofes, & fouvent même aux mots , dont il donne en toute occafion des étymologies , auxquelles on ne peut méconnoître l'Auteur du Traité fur la Langue Latine. La forme

de dialogues qu'il a donnée à son Economie rurale, le choix des noms de ses In-
terlocuteurs toujours analogue aux objets qu'il a à traiter, les divisions & les
fou-divisions auxquelles il a soumis l'A-
griculture, les pléonasmes & les méta-
phores dont il a sçu orner cette matiere,
ont fait dire avec raison à Columelle 1,
1, que c'est l'Auteur qui a le plus poli
cet Art.

Son Ouvrage, tout ancien qu'il est (29),
n'a pas autant souffert de l'injure des siecles que celui de Caton, si ce n'est vers
la fin du troisieme Livre, qui paroît fort
corrompue. Il n'est cependant pas hors
de vraisemblance qu'il s'en est perdu quelque fragment, puisque l'Auteur annonce
dans le premier Livre des divisions, qui
ne sont point remplies par la suite, &
qu'on lit dans Pline 18, 29, un passage
cité d'après Varron, qu'on ne trouve plus
dans son Economie rurale, quoiqu'il paroisse en avoir été tiré.

---

(29) Varron naquit environ 116 ans avant J. C.

L. Junius Moderatus Columelle nous apprend lui-même qu'il étoit de Gadès, Liv. 10, & Contemporain de Seneque, 3, 3. Les voyages en Cilicie & en Syrie, dont il parle dans le Chap. 2, du Liv. 2, pourroient faire soupçonner qu'il y étoit chargé de quelque fonction publique, mais au moins ils ne permettent pas de douter que cet Auteur ne fût un homme de considération.

Entre plusieurs autres Ouvrages qu'il dit avoir faits 2, 11; 11, 1, ou qu'il se proposoit de faire 2, 22, il nous est resté de lui une Economie rurale en douze Livres, dont le dixieme, qui traite de la culture des Jardins, est en vers. C'est le monument de l'Antiquité le plus complet sur cette matiere, & le plus digne de notre attention, tant par l'éloquence avec laquelle elle y est traitée, que par l'élégance du style de cet Ouvrage.

L'Auteur, dont l'objet est de se donner pour un Maître d'Agriculture, ne paroît pas moins curieux de plaire en instruisant ses disciples, que de leur donner les préceptes les plus solides, en les mettant dans leur plus grand jour. Il ne lui suffit pas de dire le vrai, il veut encore le dire de la façon la plus convenable, & dans des termes toujours choisis & placés à propos, sans jamais se permettre une expression commune ou impropre, même dans les matieres les plus triviales. Quelquefois il déploye les voiles de sa Prose, & s'éleve jusqu'à la Poésie, pour peu que son sujet le comporte ; c'est ce qu'on peut remarquer particuliérement dans ses Préfaces, ainsi que dans les Chap. 10 & 21, du Liv. 3 ; 8, du Liv. 8 ; & 7, du Liv. 12. On diroit, à voir la multiplicité de formules différentes, toutes brillantes & étudiées, qu'il verse à pleines mains pour exprimer les mêmes choses, qu'il veut joûter avec la variété de la nature elle-même, & le disputer par son style à la fécondité des campagnes qu'il cultivoit.

Aussi cet Ouvrage a-t-il trouvé nombre d'admirateurs, dont les uns ont dit que si Orphée entraînoit les arbres à lui par son chant, Columelle en chantant

les

les travaux rustiques attiroit les Villes même à la campagne; d'autres, que Virgile, en laissant à la postérité le soin de traiter à son défaut de la culture des Jardins (30), sembloit avoir désigné Columelle comme le seul qui pût le remplacer en cette partie. Il est cependant à remarquer que Pline ne le cite jamais que pour le contredire, de façon qu'il est difficile d'excuser cet Auteur, sinon de jalousie, au moins de partialité.

Outre ces douze Livres, il en est un intitulé *De Arboribus*, que la plupart des anciennes éditions avoient inséré entre le second & le troisieme Livre de l'Economie rurale. Mais des critiques éclairés ont fort bien observé par la suite, que ce Livre n'étoit pas là à sa vraie place, 1°. parce que les objets dont il traite sont traités de nouveau dans les Livres suivans (31), & qu'une pareille répétition ne

---

(30) *Verum hæc ipse equidem spatiis exclusus iniquis*
Prætereo, atque aliis post commemoranda relinquo.
Virg. 4. Georg.
(31) En effet, il traite depuis le premier Chapitre jusqu'au

*Tome I.**d*

pourroit provenir que d'une négligence qui n'est pas à présumer dans un Ouvrage aussi travaillé que le paroît celui-ci, 2°. parce que, si ce Livre occupoit le troisieme rang dans le corps de l'Ouvrage, l'ordre des autres Livres qui paroît si méthodique, que chacun d'eux amene successivement le suivant, se trouveroit interverti (31), 3°. enfin, parce qu'il n'est fait aucune

---

16, de la culture des vignes, à laquelle sont destinés les trois & quatrieme Livres; dans le Chap. 29, des saussaies, des genests & des roseaux, dont il est traité dans les Chap. 30, 31 & 32 du Liv. 4; dans le Chap. 17 des oliviers, dont il est traité dans les Chap. 8 & 9, du Liv. 5; enfin tout ce qui se trouve depuis le Chap. 18 de ce Livre jusqu'à la fin, est presque répété mot pour mot depuis le Chap. 10 du Liv. 5, jusqu'à la fin de ce Livre, sauf le Chap. 30 du Liv. *De Arboribus*, relatif à la culture des jardins, matiere réservée pour le Liv. 10 : & si on trouve quelques différences dans ces répétitions, elles ne paroissent être que des corrections faites par un Auteur qui a relû son Ouvrage, & qui l'a travaillé de nouveau.

(32) Par exemple, Columelle dit au commencement du Liv. 8, qu'il en a déja donné sept, ce qui seroit faux, puisqu'il en auroit donné huit, si l'on comptoit ce Livre *De Arboribus* pour le troisieme; il cite de même 12, 13, des choses du septieme Livre, qui seroient dans le huitieme à ce compte.

mention dans ce Livre de Silvinus, à qui Columelle a dédié son Ouvrage, comme il en est fait mention dans tous les autres.

La justesse de ces observations en a porté d'autres à douter que ce Livre fût de Columelle, & on l'a en conséquence attribué à différens Auteurs, & particuliérement à un certain Gargilius Martialis, Auteur obscur & postérieur à Columelle, qui paroît effectivement avoir écrit sur des matieres du même genre (33). Mais il n'est pas possible d'admettre ce systéme, par la raison que Pline & Palladius, en citant, l'un 17, 21, l'autre Febr. 10 & Oct. 3 comme de Columelle, des passages qui ne se trouvent pas dans les douze Livres de l'Economie rurale, mais dans le Livre *De Arboribus*, ne permettent pas de douter que ce Livre ne soit

____

(33) Gesner a donné dans son Edition des Auteurs rustiques, un petit fragment sous le titre de *Cura boûm ex corpore Gargilii Martialis*, que nous n'avons pas crû devoir traduire, tant à cause de son peu d'importance, que parce que ce n'est qu'un morceau détaché, mutilé & plein de fautes grossieres.

réellement de Columelle , quoiqu'il ne doive pas faire corps avec les douze autres Livres de son Economie rurale.

Voici donc ce que l'on peut conjecturer : c'est que Columelle s'étoit d'abord essayé sur les matieres rustiques, en composant deux Livres , l'un qui avoit pour objet la culture des champs, & l'autre celle des arbres; que ces Livres ayant été bien accueillis du Public, il les aura ensuite revus & augmentés, au point de les refondre tout-à-fait, & de refaire le premier en deux Livres & le second en trois, qui forment ensemble les cinq premiers des douze Livres de son Economie rurale. Cette conjecture est d'autant plus vraisemblable, que le Chap. 3 , du Liv. *De Arboribus*, renvoie au premier Livre à l'occasion des signes auxquels on reconnoit une bonne terre, quoique , dans le fait, ces signes, qui se trouvoient sans doute dans le Livre unique , qui avoit pour objet la culture des champs, se trouvent dans le second Livre de l'Economie rurale.

Ainſi, on doit regarder les cinq premiers Livres de l'Economie rurale de Columelle, comme une *Prælectio repetita*, pour me ſervir de l'expreſſion de Juſtinien, *L. unica, C. de emendatione Codicis*, qui auroit dû naturellement faire tomber dans l'oubli les deux Livres *primæ prælectionis*, comme il eſt arrivé à l'égard du Code *primæ prælectionis* : mais par un hazard ſingulier, le premier de ces deux Livres eſt le ſeul qui ait été perdu, & le ſecond s'eſt ſauvé du naufrage des temps, & nous eſt parvenu ſous ſon ancien titre, *De Arboribus*.

On voit par-là quelle a été l'impéritie des anciens Editeurs, qui ont incorporé mal-adroitement ce Livre avec les douze autres de l'Economie rurale, & combien Geſner à eu raiſon de l'ôter de la place qu'il occupoit dans les Editions précédentes, pour le mettre à la ſuite des douze autres Livres, comme un morceau abſolument iſolé & indépendant d'eux. Nous avons pouſſé le ſcrupule plus loin, en ne prenant pas la peine de le traduire, tant pour éviter de groffir nos volumes par des répétitions inutiles, que pour nous conformer plus ftrictement à l'intention de Columelle lui-même, qui a prétendu l'abroger; mais nous avons eu l'attention de mettre en Notes, dans les Livres 3, 4 & 5, les différences remarquables entre les deux Editions.

On n'a rien de certain fur la perfonne de PALLADIUS, non plus que fur le temps où il vivoit. Caffiodore eft le plus ancien Auteur qui faffe mention de lui. Si l'on fait attention à la rudeffe de fon ftyle, à la divifion de fon Ouvrage par Chapitres, à la diftribution monotone des opérations ruftiques, fuivant l'ordre des mois de l'année, toutes chofes qui ne refpirent plus le génie des anciens Romains; on ne fçauroit trop le rapprocher des Auteurs modernes. Ce n'eft pas que le fond de fon Ouvrage ne foit d'ailleurs très-eftimable : en effet, non-feulement il a puifé dans les meilleures fources, dans Caton, Varron, Columelle, Gargilius Martialis, Magon le Carthaginois & au-

tres, mais il s'eſt encore approprié toutes
les découvertes que l'expérience, cette mai-
treſſe de tous les Arts, avoit fait faire depuis
ces Auteurs juſqu'à lui. Telle a même été
la fortune de cet Auteur, que tout infé-
rieur qu'il ſoit à Columelle, il lui a cependant été préféré par tous les Agriculteurs qui ſont venus après lui, ſoit que
ſon Ouvrage fût plus à leur portée que
celui de Columelle, ſoit que la diſtribu-
tion des travaux par mois favoriſât davantage leur pareſſe. En effet Columelle
paroît comme caché dans un oubli profond depuis Palladius, & Pétrus Creſcentius, cet Auteur du treizieme ſiecle, dont
nous avons déja parlé, ne le cite jamais,
quoiqu'il cite ſouvent Caton, Varron &
Palladius. Félicitons - nous de ce que ce
mauvais goût ne nous a pas fait perdre
un monument de l'Antiquité auſſi intéreſſant.

On a mis dans la claſſe des Ouvrages
relatifs à l'Economie rurale, les quatre
Livres de l'Art Vétérinaire de VEGECE,
(Auteur connu d'ailleurs par ſon Traité

De re Militari) non-seulement à cause de l'affinité qui est entre l'Art Vétérinaire & celui de l'Agriculture, mais encore parce que ces Livres facilitent l'intelligence de quelques endroits de Columelle, qui s'y trouvent même répétés presque mot pour mot.

L'ÉCONOMIE

L'ÉCONOMIE
RURALE (*)
DE MARCUS PORCIUS CATON.

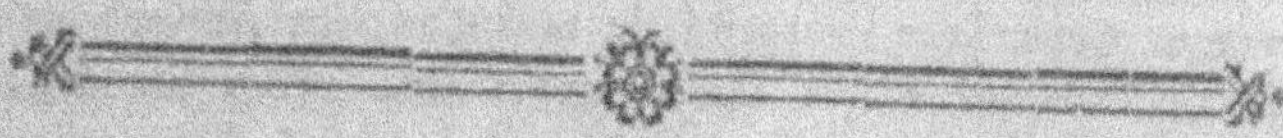

INTRODUCTION.

Il seroit sans doute avantageux de travailler à augmenter son bien par le commerce, s'il n'y avoit pas tant de risques à courir dans cette profession : comme il le seroit de prêter à usure, si ce métier étoit aussi honnête qu'il est lucratif. Mais la façon de penser de nos Ancêtres, telle

(*) Quoique Agellius 3, 14, & Varron, 1, 2, 28, citent cet Ouvrage sous le titre *de l'Agriculture*, & que leur sentiment paroisse favorisé par Pline, 14, 4, & par Columelle 11, 12, on ne peut pas douter que Caton ne l'ait

Tome I.   A

qu'ils l'ont consignée dans les Loix (1), en n'imposant que la peine du double contre les voleurs, tandis qu'ils imposoient celle du quadruple contre les usuriers, nous fait assez connoître jusqu'à quel point ils regardoient ces derniers comme des Citoyens plus pernicieux que les voleurs même (2) : vouloient-ils au contraire louer un honnête homme, ils ne lui donnoient pas d'autre

---

intitulé *de l'Economie rurale*, tant parce que Cicéron, dans son Dialogue de la Vieillesse, le lui fait dire expressément, que parce que ce dernier titre est le plus propre à embrasser tous les objets qui sont traités dans le corps de l'Ouvrage. Cependant l'autorité de tant d'anciens Auteurs, me feroit soupçonner que Caton avoit ainsi réuni ces deux titres *de l'Agriculture* ou *de l'Economie rurale*, de même que Salluste a intitulé deux de ses livres *Catilina* ou *la guerre Catilinaire*, *Jugurtha* ou *la guerre Jugurthine*. Agellius même confirme ce soupçon, lors qu'après avoir cité cet Ouvrage 3, 14, sous le titre *de l'Agriculture*, il le cite de nouveau 10, 26, sous celui *de l'Economie rurale*.

(1) Il y a lieu de croire que Caton a en vue les Loix des douze Tables, quoique nous n'en ayons pas de preuves positives relativement aux usuriers. Tacite nous apprend, à la vérité, que ces Loix défendoient l'usure, mais ni lui, ni d'autres ne font mention de la peine qu'elles prononçoient contre les usuriers. Pour ce qui concerne les voleurs, il nous reste un fragment de ces Loix, absolument conforme à ce que dit ici Caton.

(2) Ce principe étoit si présent à notre Auteur, que quelqu'un lui demandant un jour ce que c'étoit que faire l'usure, il ne lui répondit pas autrement, qu'en lui demandant à son tour ce que c'étoit que tuer un homme.

titre que celui de bon cultivateur, & de bon la-
boureur, comme s'ils n'eussent point connu d'é-
loge plus magnifique que celui-là. Ce n'est pas
que je ne fasse cas d'un Commerçant actif & vi-
gilant, qui travaille à aggrandir sa fortune ; mais
comme je l'observois tout à l'heure, ces sortes
de gens exercent une profession périlleuse, & sujette à bien des accidens : au lieu que les Culti-
vateurs sont ceux qui donnent à la République
les hommes les plus robustes, & les plus braves
soldats; outre que le gain qu'ils font est le plus
honnête, le plus solide, & le moins sujet à exciter l'envie ; & qu'enfin ceux qui s'adonnent à
cette profession sont toujours éloignés de l'occasion de concevoir de mauvais projets. Mais pour
en venir au but que je me suis proposé, voici la
premiere instruction que j'ai à donner.

CHAPITRE PREMIER.

QUAND vous penserez à faire l'acquisition d'un
fond de terre, mettez-vous bien dans la tête que
c'est une opération qu'il ne faut pas faire à la hâte,
& que vous ne devez pas épargner vos peines à le
bien visiter auparavant, ni vous en tenir à une
simple inspection. Plus vous visiterez souvent un
fond de terre, plus il vous plaira s'il est bon. Faites attention à l'extérieur des voisins; si le pays

est bon , ils auront infailliblement le teint bril-
lant & fleuri. Réfléchissez aussi avant que d'en
faire emplette , si vous ne vous embarquez pas
dans une mauvaise affaire , & dont vous ne puissiez pas vous tirer avec avantage (1) : examinés
par conséquent s'il est sous un bon climat , & qui
ne soit point sujet aux orages. Indépendamment
de tous ces accessoires, il faut que le sol soit par

---

(1) Il y a des Interpretes qui prétendent que Caton recommande par ces paroles *uti inde exiri possit*, d'examiner
s'il y a des débouchés dans le pays pour faciliter le transf-
port des productions, mais outre qu'il est difficile d'appliquer ce sens au mot *exiri* , il semble que ce ne seroit pas
en entrant dans un fond, qu'un acquéreur pourroit faire un
pareil examen. D'autres veulent que ceci se rapporte à la
salubrité du lieu , comme si Caton recommandoit de prendre garde que ce fond, étant mal sain , ne servît de tom-
beau à son maître ; & ils appuient leur interprétation sur
la liaison qui se trouve entre ces paroles prises en ce sens ,
& les suivantes. Personne ne niera que notre interprétation
ne puisse s'adapter aux termes du texte, & elle a du moins
cet avantage sur les autres , qu'elle renferme un précepte
qui ne se trouve pas ailleurs dans ce Chapitre , & qu'il est
cependant difficile de croire que Caton ait omis : Au lieu
qu'il est parlé plus bas de la salubrité du fond, *loco salubri* ,
de même qu'il y est parlé des débouchés ; *oppidum vali-
dum , &c.* Si l'on nous objecte le peu de liaison avec la
phrase suivante , nous avons à répondre qu'il ne faut que
lire avec un peu d'attention cet Ouvrage , pour s'appercevoir que Caton ne s'astreint point à lier ses préceptes les
uns avec les autres , & qu'il se contente de les donner tels
qu'ils lui viennent à l'esprit.

lui-même d'une bonne qualité; qu'il soit situé au pied d'une montagne, autant qu'il sera possible, exposé au midi & dans un endroit sain : que l'on y ait beaucoup de gens de journée sous sa main, & un bon réservoir à sa portée : qu'il avoisine une grande ville, ou la mer, ou un fleuve navigable, ou enfin un grand chemin qui soit en bon état, & bien fréquenté. Il faut choisir une contrée dont les habitans soient constans, & que ceux à qui il sera arrivé d'y vendre quelques possessions, soient dans le cas de s'en repentir. Il faut encore qu'il soit bien bâti. Ne négligez point, sans raison particuliere, de faire attention au goût habituel du propriétaire; en effet, si c'est un bon cultivateur, & qui se plaise aux bâtimens, votre acquisition n'en sera que meilleure. Quand vous irez voir la Métairie, examinez s'il y a beaucoup d'ustenciles à l'usage du pressoir & un grand nombre de futailles (2); si vous n'en trouvez pas beaucoup, c'est une preuve certaine que la terre n'est pas d'un grand rapport. En général il faut qu'un fond de terre soit avantageusement situé, & qu'il n'ait de meubles, & d'outils que ce qu'il en faut pour le

---

(2) Nous traduisons *dolia* par futailles, mais nous observerons avec Pline, 14, 47, qu'elles n'étoient pas de bois comme les nôtres, mais de terre, & que l'usage étoit de les ensevelir sous terre, ou de les laisser exposées à l'air. C'est pour cela qu'on les cercloit avec du plomb, ou du moins avec du bois qui pût & résister à l'humidité, & les préserver de fracture, Chap. XXXIX.

A iij

faire valoir. Évitez donc qu'il n'entraîne après lui un trop grand attirail, & par conséquent trop de dépenses. Rappellez-vous qu'il en est d'un fond de terre, comme d'un homme, dont il ne reste pas grand bénéfice, tel lucratif qu'il soit, lorsqu'il est coûteux à entretenir. Si vous me demandez quel est le fond dont je ferois le plus de cas, je vous répondrai qu'en supposant que vous achetiez la valeur de cent *jugera* de terre dans un excellent terrein, c'est la vigne qui sera préférable à tout, pourvû qu'elle soit abondante en vin, & qu'il soit de bonne qualité; vient ensuite un jardin bien arrosé, puis une saussaye, puis un plan d'oliviers, puis une prairie, puis une terre à bled, puis un bois taillis, puis un verger planté en arbres fruitiers, & enfin une chenaye.

CHAPITRE II.

DEvoirs du Chef de famille. (1) Sitôt qu'il est arrrivé à sa Métairie, & qu'il a rendu ses devoirs

----

(1) Nous traduisons *Paterfamilias* par *Chef de famille*, pour nous conformer à la délicatesse des Romains, à qui le titre *de maître* étoit odieux, comme rappellant trop l'idée de servitude qui leur faisoit horreur. Aussi pour établir une espece d'égalité entre les Maîtres & les Esclaves, ainsi que Séneque nous l'apprend, *Ep.* 47, avoit-on donné aux premiers le titre de *Paterfamilias*, & aux autres celui de *fa-*

au Dieu Lare (2), il doit faire le tour de sa terre
dès le jour même, s'il est possible, sinon dès le
lendemain. Quand il aura pris connoissance de
l'état de la culture, & des travaux qui sont faits,
ainsi que de ceux qui sont à faire, il fera venir
le jour suivant son Métayer (3), & l'interrogera
tant sur les travaux qui sont faits, que sur ceux
qui restent à faire, en s'informant si les premiers
ont été faits à propos, & s'il reste assez de temps
pour achever les autres; il se fera rendre compte
de ce qui aura été récolté, en vin, en bled, & en
tout autre genre de productions. Quand il sera
bien au fait sur tous ces objets, s'il ne trouve pas
que les travaux soient aussi avancés qu'ils devroient
l'être, il faut qu'il se fasse rendre compte par détail du nombre d'ouvriers, qui auront été employés
& de celui des journées. Le Métayer ne manquera pas de lui dire qu'il n'y a pas de sa faute; &
que la mauvaise santé des Esclaves, les temps fâcheux, les Fêtes, ou la nécessité de travailler à
quelque ouvrage public, les a forcément retardés.
Mais quand il lui aura allégué ces raisons ou d'autres semblables, il calculera de nouveau avec lui

---

miliares, comme s'ils n'eussent composé tous ensemble qu'une
seule & même famille.

(2) C'étoit le Dieu particulier de chaque maison, au culte
duquel le foyer de la maison étoit spécialement consacré.

(3) C'étoit l'Esclave qu'un Chef de famille mettoit à la
tête d'une possession pour la régir, & qui commandoit à tous
les autres Esclaves employés à la faire valoir.

le nombre des journées employées, en le comparant avec la quantité d'ouvrage qui se trouvera faite. S'il y a eu des temps pluvieux, il verra combien ils auront duré, & s'il n'y a pas de certains travaux que l'on auroit pû faire même pendant la pluie, comme de rincer les futailles, de les enduire de poix, de nettoyer la Métairie, de remuer le bled, de jetter le fumier hors des écuries, & de le mettre au tas, de cribler les semences, de rajuster les vieux cordages, & d'en faire de nouveaux : Les gens, dira-t-il, ont dû raccommoder leurs casaques, & leurs capuchons (4). Les jours de Fêtes, ils ont pû nettoyer les anciennes fosses (5), paver le grand chemin, couper les ronces, bêcher le jardin, ôter des prés les pierres & les mauvaises herbes, arracher les épines, broyer le bled (6), curer les réservoirs. Enfin, si les Es-

____

(4) La casaque étoit un habillement des gens de la campagne, qui leur couvroit tout le corps, depuis les épaules jusqu'au-dessus du genouil, & le capuchon leur enveloppoit la tête & les épaules, en leur laissant la liberté de se découvrir la tête.

(5) Il n'étoit pas permis de travailler à faire de nouvelles fosses les jours de Fêtes, c'est pour cela qu'au rapport de Varron, un certain Prêtre de Mars, nommé Fulvius Flaccus qui étoit très-versé dans la connoissance du droit des Pontifes, vouloit qu'on choisît les jours de Fêtes de préférence pour marier les veuves, & qu'on s'abstînt de marier les filles ces jours-là.

(6) Ils broyoient le bled dans un mortier, après l'avoir fait griller, comme nous faisons le caffé, & n'employoient

claves ont été malades, il obfervera qu'on n'a pas
dû leur donner autant d'alimens qu'on a fait. Si
au contraire il a la fatisfaction de voir que rien
n'eft en défaut, il donnera fes foins à faire achever ce qui refte à faire. Il entrera en compte avec
fon Métayer de l'argent, du bled, du fourage
qu'il peut avoir en réferve : il fera la même chofe
pour le vin, & pour l'huile, afin de voir ce qui
en aura été vendu, ce qui aura été foldé, ce qui
eft redû, ce qui refte à vendre; s'il y a des cau-
tions à recevoir, il les fera donner. Il fe fera re-
préfenter l'état des provifions de la maifon, &
s'il manque quelque chofe pour le courant de l'année, il le fera acheter, comme au contraire s'il
fe trouve du fuperflu, il le fera vendre. Il fera
donner à loyer ce qui eft à louer : il ordonnera
les ouvrages qu'il voudra faire faire, ainfi que
ceux qu'il voudra faire donner en entreprife, &
il en arrêtera l'état par écrit; il examinera le bétail; il réglera les ventes qu'il y aura à faire : car
il faut qu'il faffe vendre non-feulement ce qui
reftera d'huile, de vin, & de bled, au cas qu'il
en trouve un bon prix; mais encore les bœufs qui
feront trop vieux, le bétail qui fe trouvera défec-
tueux, ainfi que les agneaux nouvellement fevrés
qui feront deftinés au boucher (7), la laine, les

---

gueres le moulin à cet ufage, quoiqu'ils le connuffent, comme nous verrons par la fuite.

(7) Nous avons pris le premier *delicula* dans un fens, & le
fecond dans un autre, pour étendre la penfée de Caton : dans

peaux, les vieilles voitures, les vieux uftenfiles de fer, les vieux Efclaves, ou ceux qui feront maladifs (8), enfin tout ce qu'il aura de fuperflu. Car un pere de famille doit être curieux de vendre, & non pas d'acheter.

CHAPITRE III.

IL faut s'attacher à planter fa terre dès la premiere jeuneffe; quand il eft queftion de bâtir, on doit à la vérité réfléchir long-temps auparavant de le faire, mais quand il eft queftion de planter, ce n'eft pas le cas de réfléchir, c'eft le cas d'agir. On ne bâtira donc que lorfque l'on approchera de trente-fix ans, encore faudra-t-il que l'on ait alors fa terre toute plantée. L'étendue des bâtimens d'une Métairie, doit être proportionnée à celle de la terre pour laquelle ils font conftruits; & il faut également éviter qu'ils ne lui foient ou inutiles pour être trop vaftes, ou infuffifans pour être trop refferrés. Il eft bon que la partie de la Mé-

le premier fens ce mot vient de *delinquere*, qui fignifie la même chofe que *deficere*; dans le fecond, il vient du mot *delicus*, qui veut dire *fevré*.

(8) Comment ne pas condamner, avec Plutarque, l'inhumanité de ce précepte? mais la dureté de ces aufteres Romains du premier âge, étoit telle, qu'ils ne connoiffoient point d'autre union entre les hommes, que celle dont l'intérêt étoit la bafe.

tairie, (1) que l'on destine aux opérations rustiques, soit bien construite; & qu'elle soit pour-
vue d'un cellier pour l'huile, d'un autre pour le
vin, & d'une grande quantité de futailles, afin
que le propriétaire puisse attendre la cherté de ces
denrées sans se gèner; outre l'intérêt qu'il y trouvera, ce sera une preuve de frugalité (2) qui ne
peut que lui faire honneur. Il faut avoir de bons
pressoirs, si l'on veut que l'huile & le vin soient
bien façonnés. Faites l'huile aussitôt que les olives seront récoltées, dans la crainte qu'elles ne
viennent à se gâter. N'oubliez pas qu'il survient
toutes les années de gros orages qui les font com-

---

(1) Les Romains, comme nous l'apprend Columelle 1, 6,
divisoient leurs Métairies en trois parties adjacentes : l'une
qu'ils appelloient *villa rustica*, étoit destinée aux opérations
rustiques, & comprenoit l'habitation du Métayer, & de tous
ceux qui étoient employés sous ses ordres, les basses cours,
les étables, les hangards pour mettre les voitures & les instrumens de culture à couvert, &c. L'autre qu'ils nommoient
villa fructuaria étoit destinée à la garde des productions de
la terre; elle comprenoit les greniers, les celliers, les pressoirs, &c. Et la troisieme qu'ils appelloient *villa urbana*
étoit réservée à l'habitation du propriétaire. Caton traite ici
des deux premieres parties, il traitera de la troisieme dans
le Chapitre suivant.

(2) On a traduit le mot *virtus* par *frugalité*, parce que les
anciens Romains à qui le luxe étoit encore inconnu, faisoient un si grand cas de cette vertu, qu'ils la regardoient
comme la perfection de toutes les autres. Aussi pour désigner
un homme vertueux, n'avoient-ils pas d'expression plus choisie que celle d'*homo frugi*.

munément tomber. Si vous avez soin dans ce cas
de les enlever de bonne heure, & que les ustensiles de votre pressoir soient en état, ces orages
ne vous feront aucun tort, & votre huile n'en sera
que meilleure, & d'une plus belle couleur (3);
mais si l'olive reste trop long-temps sur la terre,
ou sur un plancher, elle se corrompra, & ne donnera que de l'huile rance. Il n'y a pas d'olive qui
ne puisse donner une huile verte & bonne, quand
on la fait à temps. Pour un plan d'oliviers de cent
vingt *jugera*, il faut avoir deux assortimens complets de tout instrument & ustensiles nécessaires à
la confection de l'huile. Si le plan est bon & bien
cultivé, & qu'il rende abondamment, il faut avoir
deux bons *trapetes* (4) pour le service journalier
(T); sçavoir un pour chaque assortiment d'instrumens de pressoir, & en outre un troisieme de réserve, afin que s'il arrive quelque accident aux

---

(3) Ils distinguoient de trois especes d'huile, l'aigre, la
verte & la mure, Col. 12, 50, selon qu'elle étoit faite avec
des olives plus ou moins mûres : la premiere passoit pour la
meilleure.

(4) Ils appelloient ainsi la machine qui servoit à écacher
les olives; elle sera décrite plus bas, Chap. XX & suivans :
Varron, dans son Traité de la langue latine, prétend qu'elle
pouvoit bien tirer son nom du mot *terere* qui signifie
broyer; mais cependant il n'ose pas assurer que ce ne soit pas
un nom grec : effectivement ce soupçon est d'autant plus
probable, que Pline 7, 57, en attribue l'invention à Aristée
l'Athénien.

meules (X), on ait un autre *trapete* tout prêt où l'on puisse transporter les olives. Il faut également que chaque pressoir ait ses cordes de cuirs, ses six leviers (λ), ses douze aiguilles (φ), ses cables de cuir (ɣ), & sa paire de moufles (ς) garnie de ses cordes de genêts d'Espagne (♂). Les plus expéditives sont celles dont la châpe supérieure contient huit poulies, & l'inférieure six (6) : si l'on veut y ajouter un tour à deux roues pour en tirer les cordes en contre-bas, l'ouvrage se fera à la vérité plus lentement, mais il sera moins pénible (7).

Nota. Les lettres qui servent ici de renvois, doivent se reporter à l'Explication des Figures que l'on trouvera à la fin de l'Ouvrage.

CHAPITRE IV.

IL faut avoir des Etables à bœufs convenables, de bonnes mangeoires, & des rateliers d'un pied de distance entre mur & barreaux, pour que les

---

(5) Il les appelle *Græcanicas*, parce que l'invention en étoit due aux Grecs.

(6) Caton entend ici des moufles à deux cordes pour une, telles qu'on en fait encore de nos jours.

(7) On pouvoit avoir un tour monté à deux roues dans chaque hangard, & des crampons en terre pour en arrêter le fût au lieu convenable, & au moment du besoin. Dans le plan que nous donnerons à la fin de l'Ouvrage, ces

bœufs ne faſſent point litiere de leur fourage (1).
Il faut arranger, ſelon vos moyens, le corps de
logis que vous habiterez dans votre Métairie. Si
ce corps de logis eſt bien conſtruit & ſitué avantageuſement dans un bon fond, de façon que vous
ſoyez logé commodément à la campagne, vous
viſiterez plus volontiers, & plus ſouvent cette poſſeſſion, & dès-lors elle améliorera, les choſes en
ſeront mieux faites, & vous en retirerez plus de
profit, l'œil du maître étant toujours plus profitable que ſon éloignement (2). Soyez obligeant
envers vos voiſins, & ne ſouffrez pas que vos gens
les offenſent. Toutes les fois qu'ils vous verront de
bon œil, vous trouverez plus de facilité à vendre
vos denrées, à faire faire vos ouvrages, à louer
des journaliers. Si vous êtes dans le cas de bâtir,
leurs journées, leurs bêtes de ſomme, & tous les
matériaux qu'ils pourront avoir ſeront à votre ſer-
vice. Enfin ſi vous vous trouvez expoſé à quelque
danger, (dont Dieu vous garde) ils ſe feront un
plaiſir de vous ſecourir.

---

crampons ſeroient entre les deux treuils, & le tour ſervi-
roit dans une ſeule & même place pour l'un & l'autre arbre.

(1) Ceux qui ont diviſé Caton en Chapitres, auroient
pû en faire commencer un ici.

(2) Il eſt fâcheux que notre langue ne nous permette
pas de traduire ce paſſage littéralement, *le front marche
avant l'occiput.*

CHAPITRE V.

VOICI en quoi consiste le devoir d'un Métayer.
Il faut qu'il soit rangé dans sa conduite, qu'il observe les jours de Fêtes , qu'il s'abstienne de ce
qui appartient aux autres, & qu'il conserve avec
soin ce qui lui appartient; qu'il appaise les dispu-
tes qui s'éléveront entre les gens de la maison ;
& que si l'un d'eux fait quelques fautes, il l'en
punisse avec modération : il faut qu'il veille à ce
qu'ils soient bien entretenus, de façon qu'ils ne
souffrent ni du froid , ni de la faim, & qu'il les
exerce bien au travail; c'est le vrai moyen de les
empêcher de mal faire ou de voler. Il dépend de
lui qu'ils se comportent bien, il n'a pour cela qu'à
ne leur pas donner de mauvais exemples : s'ils
souffre patiemment qu'ils se dérangent, le maître
ne doit pas laisser sa négligence impunie. Il té-
moignera son contentement à ceux qui feront le
mieux leur devoir, afin d'exciter par-là les autres
à bien faire. Un Métayer doit être sédentaire,
toujours sobre, & ne pas manger hors de chez lui.
Il faut qu'il tienne toujours son monde en haleine, & qu'il veille à ce que les ouvrages que son
maître aura commandés se fassent exactement. Il
ne faut pas qu'il croie avoir plus de bon sens que
son maître. Il faut qu'il regarde les amis de son
maître comme les siens propres, & qu'il défere

aux avis de ceux qu'il lui aura ordonné de consulter. Il ne doit point faire de sacrifices, si ce n'est aux Fêtes des compitales (1) dans les carrefours, ou dans l'âtre de son feu (2). Il ne doit pas prêter sans un ordre spécial de son Maître, mais il doit faire rentrer ce que son Maître aura prêté. Il ne prêtera donc à qui que ce soit ni graine pour semer, ni victuailles, ni bled, ni vin, ni huile. Il aura seulement deux ou trois maisons auxquelles il s'adressera, pour emprunter ce dont il pourra avoir besoin, & auxquelles il prêtera réciproquement, à l'exclusion de qui que ce soit; il comprera souvent avec son maître. Quand il aura loué pour un temps déterminé, soit un ouvrier, soit un journalier, soit un homme pour battre le bled, il ne les retiendra pas à son service passé ce temps (3). Il se gardera de rien acheter à l'insçû de son maître, ni d'avoir quelque chose de caché pour lui. Il ne recevra point de parasite chez lui; il ne

---

(1) Fêtes que l'on célébroit à la campagne toutes les années en l'honneur des Dieux Lares; la solemnité s'en faisoit dans les carrefours.

(2) C'étoit, comme nous l'avons déja remarqué, l'endroit où étoit spécialement établi le culte des Dieux Lares de chaque maison.

(3) Je suppose le mot *ditto* sous-entendu, autrement il seroit absurde de ne pouvoir garder qu'un seul jour un ouvrier tel qu'il fût, au lieu qu'il est très-sage de le renvoyer s'il n'a pas fini son ouvrage dans le temps qui lui aura été fixé, si l'on veut éviter qu'il ne tire sa besogne en longueur, dans l'espérance d'être gardé, & payé plus long-temps.

consultera

conſultera ni Aruſpice, ni Augure, ni Devin, ni Aſtrologue (4). Il ſemera à bonne meſure (5), ſans quoi mauvaiſe récolte; il aura ſoin de ſe mettre au fait de tous les travaux ruſtiques, & il y mettra ſouvent la main lui-même, ſans toutefois ſe fatiguer. En ſuivant cette méthode, il connoîtra d'un côté la portée de ſes gens, qui n'en ſeront eux-mêmes que plus patiens à l'ouvrage; d'un autre côté il ſera moins tenté de courir, il ne s'en portera que mieux, & dormira avec plus de plaiſir. Il faut qu'il ſoit toujours le premier à ſe lever & le dernier à ſe coucher, encore doit-il s'aſſurer avant de ſe mettre au lit, ſi la Métairie eſt bien fermée, ſi chacun eſt couché à ſon poſte, & ſi les beſtiaux ont ce qu'il leur faut. Sa plus grande attention ſera tournée du côté du bœuf: En conſéquence, il aura plus de complaiſance pour les bouviers, que pour tout autre valet, particuliérement

---

(4) Tous gens qui ſe donnoient pour prédire l'avenir, les uns par l'inſpection des entrailles des victimes, les autres par le chant des oiſeaux, les autres par l'explication des ſonges, ou par la connoiſſance des aſtres.

(5) *Segetem defrudare* peut s'entendre, ſuivant l'étimologie du mot, de toute diminution de grain occaſionnée par fraude, comme lorſque les Métayers ne préſervent pas le grain contre les voleurs, ou qu'ils le volent eux-mêmes, ou qu'ils n'en rendent point un fidele compte à leur Maître, mais il y a lieu de croire que ce précepte-ci de Caton ne concerne que l'enſemencement, puiſque Pline le cite à l'occaſion de la méthode d'enſemencer 18, 14.

Tome I,   B

afin qu'ils s'affectionnent à cet animal. Il fera en
forte d'avoir fes charrues & fes focs en bon état ;
il fe gardera de labourer la terre, comme d'y mener des voitures ou des beftiaux, lorfqu'elle fera
trop trempée (6), autrement il courroit rifque de
la rendre ftérile pendant trois années (7). Il aura
foin que les beftiaux & les bœufs ne manquent
pas de litière, & que leurs pieds foient tenus proprement. Il garantira les troupeaux & les beftiaux
de la gale, qui leur vient communément lorfqu'ils ont fouffert de la faim, ou qu'ils ont été
trop expofés à la pluie. Il fera enforte que tous
les travaux foient finis chacun dans leur temps :
car telle eft la chaîne des travaux ruftiques, que
lorfqu'il y en a un feul de retardé, tous les autres
fe trouvent retardés, par une conféquence néceffaire. S'il manque de paille, il prendra des feuil-

---

(6) Nous traduifons ainfi *terram cariofam* d'après l'explication & la caufe qu'en donne Columelle 2, 4. Pline 17,
5, comprend fous ce mot tous les vices de la terre épuifée &
comparée à un bois vermoulu. Il donne même à entendre que
le mot *cariofa* les exprimoit tous, puifqu'il ajoute 1 7, 3,
que Caton, en fe fervant de ce terme, en a plus dit en un
feul mot, qu'on ne pourroit en exprimer en plufieurs phrafes. Comment interpréter un mot auffi riche dans notre
langue ?

(7) Il faut fuppofer pour cela qu'on n'aura point remé-
dié la feconde année au mal, & qu'on n'aura donné à la
terre cette feconde année que fa préparation ordinaire, faute d'avoir fait attention à ce qui avoit occafionné la sté-
rilité.

les d'Yeuse pour en faire litière aux brebis & aux bœufs. Il s'attachera à avoir toujours un grand amas de fumier, & conservera soigneusement à cet effet toutes les ordures ; lorsqu'il le portera dans les champs, il aura soin de l'étendre & de l'éparpiller. C'est pendant l'Automne qu'il le voiturera, c'est dans le même-temps qu'il déchaussera (8) le pied des oliviers pour les fumer : il cueillera des feuilles de peuplier, d'orme & de chêne, qu'il serrera pour les donner par la suite à manger aux brebis, avant néanmoins qu'elles se soient trop desséchées. Il fera au contraire sécher les regains & les herbes qu'on aura laissées sur le pré en le fauchant, avant de les serrer pour la même destination. Il semera les raves, le fourage & les lupins après les pluies de l'Automne.

CHAPITRE VI.

Attention qu'il faut avoir en meublant les différentes parties d'un fond de terre. Les parties grasses & bien aerées, où il n'y aura pas d'arbres, doivent être réservées pour recevoir du bled ; mais dans le cas où elles seroient habituellement couvertes de brouillards, il seroit plus à propos d'y

(8) On dit dans certains pays *ablaver les arbres*, cette expression rendroit bien mieux le mot latin *ablaqueare*.

semer des raves, des raiforts, du millet, du panis; vous mettrez dans un terrain gras & chaud, les olives de garde, les olives longues, les Salentines, celles qu'on nomme *orchites* (1), celles que l'on nomme *poseæ* (2), celles de Sergianum, les Colminiennes (3) & les blanches. Vous choisirez préférablement celles d'entre ces especes, qui passeront dans le canton (4) pour être les meilleures. Ces sortes d'oliviers doivent être à vingt-cinq ou trente pieds de distance l'un de l'autre (5). Il n'y a pas d'autre terrein propre à former un plan d'oliviers, que celui qui est tourné au vent *favonius* (6) & exposé au soleil. Si le terrein est trop froid & trop maigre, il y faudra planter des olives de

---

(1) A cause de leur ressemblance, avec les testicules, du mot grec ὄρχεις.

(2) *A paviendo*, dit Servius, parce qu'on les bat pour en extraire l'huile.

(3) On peut d'autant moins sçavoir l'étimologie de ce nom, qu'il est incertain : Varron appelle cette olive *Colminia*, Columelle *Culminia*, Pline & Palladius *Cominia*.

(4) Pline, en rapportant ce passage 15, 5, dit, *dans le canton voisin*, & le Pere Hardouin soutient qu'il faut corriger Caton ; mais il semble qu'il est encore plus sûr de choisir les olives qui réussissent dans un canton, que de se contenter de celles qui réussissent dans son voisinage.

(5) Pline cependant avertit 17, 11, que cette méthode n'est bonne que pour l'Italie, & qu'il faut communément les espacer davantage dans les autres climats.

(6) Le vent *favonius*, est celui qui souffle du point où le soleil se couche pendant l'équinoxe.

Licinius (7) : car si vous plantiez les olives de cette derniere espece dans un terrein gras ou chaud, l'huile que vous en retireriez ne vaudroit rien, outre que l'arbre périroit à force de rapporter, & qu'il engendreroit une espece de mousse rouge qui lui seroit fort nuisible. Plantez les lisiéres de vos pieces de terre & les bordures des chemins, partie en ormes, partie en peupliers, pour vous procurer des feuilles que vous donnerez à vos brebis & à vos bœufs, & avoir du bois à votre disposition au cas de besoin. S'il s'y trouve des parties de terrein voisines d'une riviere, ou qui soient humides, garnissez-les de têtes de peupliers, & de roseaux que vous planterez ainsi : vous retournerez d'abord la terre avec une houe (8), & vous y mettrez ensuite des œilletons de roseaux à trois pieds de distance l'un de l'autre. Vous y entremêlerez des asperges sauvages, qui en produiront de bonnes à manger : car le roseau se plaît avec l'asperge sauvage, parce qu'on fait des tranchées pour l'un comme pour l'autre, qu'on y met le feu, & que le roseau ne donne de l'ombre à l'asperge, que lorsqu'elle ne peut que lui être favorable. Vous entourerez cette plantation de franc-osier, qui

---

(7) Le Pere Hardouin, dans ses notes sur Pline 15, 3, prétend que ce nom leur vient de Licinius Crassus.

(8) Columelle nous apprend 11, 3, que le *bipalium* que nous traduisons par *houe*, étoit un instrument de fer qui avoit deux pieds de long.

vous donnera de quoi lier vos vignes. Quant au terrein dans lequel vous planterez de la vigne, voici l'attention qu'il vous faudra avoir; vous mettrez du petit Amminéen, de l'Albe-double & du petit raisin gris dans les cantons qui auront la réputation d'être les meilleurs pour le vin, & qui seront le plus exposés au soleil. Vous mettrez au contraire du gros Amminéen, du Murgantin, de l'Apicius (9) ou du Lucanien dans ceux qui seront gras, ou plus exposés aux brouillards. Toutes les autres especes de raisin, & sur-tout le noir s'accommodent également bien de telle terre que ce soit.

CHAPITRE VII.

Si votre Domaine n'est pas éloigné des fauxbourgs de la Ville, il doit, par-dessus tout, être muni d'un Verger, dont on pourra vendre le bois & les branches, & en réserver une partie pour l'usage du propriétaire. Comme il faut ne faire rapporter à un fond que les productions auxquelles il est propre, on aura soin d'y marier aux arbres à fruits des seps de petit, & de gros raisin Amminéen, &

(9) Ne faudroit-il pas lire *Apianum* au lieu d'*Apicium*, & ne seroit-ce pas le Muscat que Pline 14, 2, appelle *Apianum ab apibus*, parce que les abeilles en sont très-friandes.

d'Apicius : on enferme ces raisins dans des pots de terre, que l'on ensevelit dans du marc pour les conferver : on peut également les conferver dans du vin cuit jufqu'à diminution des deux tiers, ou dans du vin doux, ou dans de la piquette. Le meilleur raifin à garder fufpendu c'eft le Maroquin (1) & le gros Amminéen : on peut auffi le fécher à la fumée du forgeron (2), & le conferver comme s'il étoit féché au foleil. Quant aux arbres fruitiers : on n'oubliera pas d'y mettre des poires-coins, des coins Quiriniens, ainfi que d'autres fruits qui foient de garde, comme des pommes muftées (3) & des grenades ; il faudra fumer tous ces arbres par le pied, avec de l'urine ou de la fiente de porc, afin que les fruits tiennent mieux aux bran-

---

(1) Le Pere Hardouin, qui lui donne ce nom dans fes notes fur Pline 14, 1, prétend qu'il y en a près du Mont-Véfuve. Mais comment peut-on fe flatter de garantir ces différens noms de vignes, quand Pline lui - même convient 14, 5 qu'il y en avoit quelques-uns qui étoient déja oubliés & inconnus de fon temps, c'eft-à-dire, 230 feulement après Caton.

(2) Pline 14, 1 confirme l'opinion où étoient les anciens que la fumée du forgeron donnoit de la qualité au raifin, ainfi qu'aux vins.

(3) On croit que c'eft notre pomme *Saint-Jean*. Le Pere Hardouin dans fes notes fur Pline 15, 10, veut qu'elles foient ainfi appellées, parce qu'elles muriffent promptement. Tout ce qui eft nouveau, dit-il, s'appelle *muftum* : pourquoi ne pas dire plutôt que c'eft parce qu'elles ont une douceur approchante du moût ?

ches. Plantez-y auffi la groffe poire (4), l'Anicienne & celle des femailles : (tous fruits bons à conferver dans du vin cuit jufqu'à diminution des deux tiers,) la poire de Tarentum, la poire muftée, la poire courge (5), & toute autre efpece de fruits pareils, dans la plus grande quantité que vous pourrez : ou bien plantez-y des olives *orchites*, des *pofias*, dont vous prendrez les meilleures (6), pour les conferver, ou dans de la faumure, fi elles font fraîches, ou dans de l'huile de lentifque (7), fi elles font meurtries. Quand les olives de la premiere efpece feront noires & féches, roulez-les dans le fel, fecouez le fel cinq jours après, & expofez-les au foleil pendant deux jours, ou bien mettez-les tout uniment & fans fel dans du vin cuit jufqu'à diminution de moitié (8). Lorfque vous voudrez conferver des cormes dans du vin cuit jufqu'à diminution des deux tiers, il faudra les faire bien fécher auparavant : il en eft de même pour les poires.

---

(4) Ce peut être la poire de Bon-Chrétien ou la poire Livre, qu'il nommeroit *volema*, parce qu'elles rempliffent la main.

(5) On croit que c'eft celle de Campane.

(6) Pline 15, 6 ne fait point la diftinction des meilleures : il dit feulement qu'elles fe confervent très-bien, en lifant *optimè* adverbe, au lieu d'*optima* adjectif.

(7) On tire du fruit de cet arbre une huile en Italie, de la même maniere qu'on tire l'huile de laurier en Languedoc.

(8) Nous nous en tenons à Pline 14, 9, pour l'explication des mots *fapa* & *defrutum*. Il faut cependant convenir que

CHAPITRE VIII.

IL faut mettre des figues folles dans un terrein rempli de craie & découvert (1), mais pour les figues d'Afrique (2), les Herculanes, les Saguntines, les figues d'hiver & les Telanes noires à longues queues, il leur faut à toutes un terrein gras ou fumé. Si vous avez des prairies bien arro-

---

presque tous les Auteurs varient si fort sur le sens de ces mots, qu'il y en a qui veulent que le *defrutum* soit le vin cuit jusqu'à diminution des deux tiers, & le *sapa* le vin cuit jusqu'à diminution de moitié, au lieu que nous donnons au premier le nom de *sapa*, & au second celui de *defrutum*. Tout ce que l'on peut conclure de cette diversité d'opinions, c'est que comme ces vins cuits étoient employés en guise de miel, ainsi que Pline nous l'apprend *ibid*, chacun les faisoit cuire plus ou moins, selon qu'ils devenoient épais plus promptement ou plus lentement.

(1) Selon Pline 15, 18, Caton ne demande que l'une ou l'autre de ces deux qualités dans le terrein.

(2) Ce fut une figue d'Afrique qui occasionna la ruine de Carthage. Caton la desiroit si fort qu'il ne donnoit point son avis dans le Sénat, sur telle affaire que ce fût, sans ajouter qu'il falloit détruire cette ville. Un jour ayant porté au Sénat une de ces figues, soit à dessein prémédité, soit par hazard, il demanda depuis quand on croyoit qu'elle fût cueillie, & sur ce que chacun répondit qu'il y avoit peu de temps : Sachez-donc, reprit-il vivement, qu'elle pendoit à l'arbre à Carthage il y trois jours, tant l'ennemi est voisin de nous. Cette réflexion décida la troisième guerre Punique.

sées, vous ne manquerez pas de foin; mais si vous n'en avez pas de cette nature, garantissez bien au moins vos prairies séches contre les insultes des bestiaux, pour ne pas en chommer. Si votre terrein se trouve dans le fauxbourg même de la ville, ayez soin d'y former des jardins diversifiés de toute maniere , & d'y mettre en conséquence des fleurs de toute espece, des oignons de Mégare, du myrthe, tant de celui qui est propre à faire des treillages (3), que du blanc & du noir, du laurier de Delphes, du laurier de Cypre & du laurier-tin (4), des noix chauves (5), des avelines, des

---

(3) Pline 15, 29 dit que le myrthe, que Caton appelle *conjugulum*, est peut-être ainsi nommé *a conjugiis*, parce qu'il étoit consacré à Venus, qui présidoit aux mariages ; si cela étoit ainsi, ce mot pourroit bien n'être qu'une épithete donnée au myrthe, auquel cas il n'y en auroit que de deux espéces ; le blanc & le noir, ainsi que le prétend Columelle 12, 38. Nous croyons cependant que Caton a voulu parler de trois différentes espéces de myrthe, & Pline lui-même le dit positivement : c'est ce qui nous a décidé à donner un autre sens au mot *conjugulum* en le faisant dériver *a jugo*. Quoiqu'il en soit , Pline le croit originaire d'Italie.

(4) Pline en citant cet endroit 15, 30, dit expressément que Caton n'a parlé que des deux premieres espéces de laurier. Comment concilier cela ?

(5) C'est-à-dire dont la partie supérieure est nue, comme celle de l'aveline. Pline 15, 22, lit *galbas* qui voudroit dire *noix jaunes*, mais on ne voit pas quelle espéce de noix ce pourroit être.

noix de Preneste & des amandes (6). En général ces sortes de terreins doivent être parés & plantés avec tout l'art nécessaire, pour faire le plus d'honneur possible à leur maître, sur-tout quand il n'en possede pas d'autres.

CHAPITRE IX.

Dans les lieux pleins d'eau, dans ceux qui sont humides, dans ceux qui sont à l'ombre, & le long des rivieres, il faudra faire des plantations de saules; mais en les faisant, il sera bon de se consulter, & de voir si l'on se propose de les consommer chez soi, ou d'en faire de l'argent, afin de se régler en conséquence. Si l'on a de l'eau à sa disposition, il faudra se donner preférablement à tout des prairies arrosées; mais quand l'eau manqueroit, il faudroit toujours faire des prairies séches, & même en très-grande quantité : car c'est un emploi de terrein, qu'il est toujours avantageux de faire dans tel Domaine que ce soit (1).

(6) Quoique ce soit la vraie signification de *nux Graca*, Pline doute cependant que les amandes fussent connues du temps de Caton , 15, 22, & il assure que l'on donnoit aussi le nom de *nux Graca* à la noix commune.

(1) Ce précepte est bien conséquent à l'opinion dans laquelle étoit Caton, que c'étoit un profit sûr que de nourrir des bestiaux : quelqu'un demandant un jour à notre Auteur quelle étoit la voie la plus sûre pour s'enrichir plus promp-

CHAPITRE X.

ÉTAT de ce qui est nécessaire, pour garnir un plan d'oliviers de deux cent quarante *jugera*. Il faut y avoir un Métayer, une Métayere, trois bouviers, un porcher, un ânier, un berger, faisant en tout treize personnes : trois paires de bœufs, trois ânes de bât enharnachés pour porter le fumier, un quatrieme âne pour tourner la meule, cent brebis; cinq assortimens complets des ustensiles nécessaires pour faire de l'huile, une chaudiere de cuivre de la contenance de trente *quadrantals*, son couvercle, trois crochets de fer (1), trois pots à l'eau

zement, il répondit que c'étoit de bien s'appliquer à nourrir des bestiaux. La même personne lui demandant ensuite quel étoit le moyen qui approchoit le plus de celui-là, il répondit que c'étoit de le faire médiocrement bien. Cicéron, en rapportant cette anecdote dans ses offices 2, 25, lui fait même ajouter que le troisieme moyen seroit de nourrir des bestiaux, quoiqu'on le fît mal. Mais il y a lieu de croire que cette addition est du crû de cet Orateur, puisque Pline, en citant le même trait 18, 5, n'en dit mot. Columelle même liv. 6 dans la Préface, n'hésite pas d'assurer qu'il est impossible qu'un homme aussi sensé que Caton ait avancé cette troisieme réponse que plusieurs Auteurs lui prêtent, puisqu'on perdroit plus à mal nourrir des bestiaux, qu'on ne peut gagner à le bien faire.

(1) Soit pour porter la chaudiere, soit pour tirer ce qui est au fond d'un vase aussi considérable.

& deux entonnoirs; une autre chaudiere de cuivre de la contenance de cinq *quadrantals* avec son couvercle, trois crochets, une petite cuvette, deux amphores à huile, une urne de cinquante *sextarii*, trois couloires, un sceau pour puiser de l'eau, un bassin, un pot à anses, un bassin à laver les mains, un plat creux de la forme d'un bouclier, un pot-de-chambre, un grand vase à eau à trois anses & large orifice, un *sextarius*, trois grandes charettes, six charrues avec leurs socs, trois jougs garnis de leurs courroyes, six harnois pour les bœufs, une herse, quatre civieres à porter le fumier & trois corbeilles pour le même usage, trois autres corbeilles semblables, mais moitié moins grandes, trois couvertures pour les ânes; quant aux ustensiles de fer : il faudra avoir huit fourches, huit sarcloirs, quatre bêches, cinq pioches, deux rateaux à quatre dents, trois faulx pour couper le foin, six pour scier le chaulme, cinq pour émonder les arbres, trois haches, trois coins, un pilon pour broyer le bled, deux tenailles pour attiser le feu, un fourgon de boulanger, deux réchauds, cent futailles pour mettre l'huile, douze vases pour survuider les chaudieres, dix futailles pour mettre le marc, autant pour la lie de l'huile, autant pour le vin & vingt pour le bled; un vase pour tremper les lupins, six cruches de terre pour le vin, une pierre à laver, une baignoire, deux cuvettes pour mettre de l'eau, des couvercles pour chaque futaille & chaque cruche, trois meules;

une qui fera tournée par des ânes, une que l'on tournera à bras & une à l'Espagnole, trois bricolles pour y appliquer les hommes, un buffet, deux grands plats ronds de cuivre, deux tables, trois grands bancs, un banc pour la chambre à coucher, trois tabourets, quatre chaises, deux fauteuils; un lit dans la chambre à coucher, sept autres, dont quatre fanglés avec des courroyes, un métier de Tisserand, deux mortiers, quatre pilons, un pour broyer les fèves, un autre pour broyer le bled, un troisieme pour broyer les graines, & un dernier pour dépouiller de leurs coques ou hérissons, les fruits qui s'en trouvent pourvus; une mesure qui contienne le *modius*, une autre moitié moins grande, huit matelas, huit couvertures, feize oreillers, dix draps, trois serviettes, fix cafaques pour les gens.

CHAPITRE XI.

Etat de ce qui est nécessaire pour garnir un lot de vigne d'environ cent *jugera*. Il faut y avoir un Métayer, une Métayere, dix ouvriers, un bouvier, un ânier, un homme pour avoir foin des faussayes (1), un porcher, faisant en tout feize personnes :

---

(1) Quoique Varron, en citant ce passage 1, 18, ne parle pas de cet homme, & qu'il ne fasse monter en conséquence qu'à quinze le total des personnes comprises en cet état,

une paire de bœufs, deux ânes pour traîner la charette, un autre pour tourner la meule, trois pressoirs complets dans tous leurs accessoires, un nombre suffisant de futailles, pour pouvoir contenir cinq vendanges de huit cens *cullei* chacune (1), vingt futailles à part pour mettre le marc, & autant pour mettre le bled, avec des couvercles pour chacune, & de quoi les enduire toutes; six urnes de genêt d'Espagne, quatre amphores de même matiere (3), deux entonnoirs, trois passoires d'osier pour passer le vin doux, trois autres pour passer le vin fait, afin d'en ôter les fleurs qui nagent par-dessus, dix grands vaisseaux longs pour mettre le vin doux, deux charrues, deux (4) jougs

---

nous ne doutons pas que Caton ne l'ait compris dans son état, vû que les sauffayes sont de la plus grande utilité dans les vignobles. Il arrive souvent que Varron, en citant Caton, se fie trop sur sa mémoire.

(2) C'est-à-dire, quatre mille *cullei* en tout. Ce nombre ne doit pas paroître exorbitant, puisqu'un *jugerum* rendoit jusqu'à dix *cullei*, Varron 1, 2, Pline 14, 4, & qu'il s'agit ici d'un vignoble de cent *jugera*.

(3) C'étoit apparemment pour mesurer le vin aux acheteurs, parce que, si l'on eût employé à cet usage des vases de terre, ils auroient été sujets à se casser par le fréquent usage : il faut croire qu'elles étoient enduites de poix, ou de quelqu'autre matiere molle qui, en bouchant les trous, afin qu'elles pussent contenir la liqueur, ne nuisoit point à leur légereté, ni à leur flexibilité.

(4) Si, selon notre Auteur, Ch. LXII, on doit avoir autant de charrues que de jougs; on doit aussi avoir autant

pour la charette, un autre pour atteler les bœufs
aux meules, & un quatrieme (5) pour les ânes;
un grand plat rond de cuivre, une bricole pour appliquer les hommes à la meule, une chaudiere de
cuivre de la contenance d'un *culleus* avec son couvercle, trois crochets de fer, une autre chaudiere
de même grandeur pour la cuisine, deux cruches
à eau, une amphore à trois anses & large orifice,
un bassin, un pot à anses, un bassin à laver les
mains, un sceau pour puiser de l'eau, un plat creux
de la forme d'un bouclier, une couloire, un chan-
delier, un pot-de-chambre, quatre lits, un banc,
deux tables, un buffet, un coffre pour mettre les
habits, une armoire, six banc longs, une roue
dans laquelle un homme se met pour tirer de
l'eau du puits, une mesure ferrée de la contenance d'un *modius*, une autre mesure moitié de la
précédente, une pierre à laver, une baignoire, un
vase pour tremper les lupins, dix cruches à vin, les
harnois pour la paire de bœufs, trois couvertures
pour les ânes, trois petits bâts, trois cabacs pour
faire du vin avec de la lie, trois meules qui seront
tournées par des ânes, une autre que l'on tournera
à bras; quant aux ustensiles de fer: il faudra avoir

---

de jougs que de charrues; par conséquent ce n'est pas un
joug qu'il faut lire selon la version commune, mais deux,
puisqu'il y a deux charrues.

(5) Il est probable que le joug que l'on attachoit aux ânes
étoit d'une forme particuliere, autrement Caton se seroit
contenté d'exiger deux jougs en général pour les meules.

six

fix serpettes pour tailler la vigne, cinq pour couper les liens des feps, cinq faulx pour couper le
bois dans les forêts, dix pour émonder les arbres,
& autant pour couper les ronces, fix haches, fix
coins, deux focs, dix fourches, huit bêches, dix
pioches, deux rateaux à quatre dents, quatre civieres & une corbeille pour porter le fumier,
deux réchauds, deux tenailles pour attifer le feu,
un fourgon de Boulanger, vingt paniers d'ofier
d'Améria, fept corbeilles pour porter la graine
qu'on veut femer, quarante baquets à poignée pour
porter le raifin au preffoir, quarante pelles de bois,
deux grands vaiffeaux de bois pour dépofer le raifin, huit matelas, huit couvertures, feize oreillers, dix draps, trois ferviettes, fix cafaques pour
les gens (6).

CHAPITRE XII.

CE qu'il faut pour un preffoir, que l'on veut monter fur le pied de cinq affortimens complets. Cinq
arbres de preffoir montés [D], & un (1) en réfer-

---

(6) Il y a beaucoup de fautes ici dans les nombres : nous
ne garantiffons point ceux que nous avons adoptés ; nous
avons feulement eu l'attention de les faire quadrer avec ceux
du Chapitre précédent, au protata du nombre d'ouvriers,
qui eft le double dans ce Chapitre-ci.

(1) Le texte porte *trois* : mais par quelle raifon devroit-il

ve, cinq treuils également montés [C] & un d'attente, cinq cordes de cuir, cinq cordes de retraite, cinq cables d'abatage [γ], cinq paires de moufles [♪], dix cordes à mettre à la tête des leviers pour les rabattre [B], cinq solives pour mettre en pied droit sous les arbres en leur repos [ε], six vases à puiser le vin dans le bassin où il se rend à la sortie du pressoir, trente leviers [α & λ], soixante aiguilles [φ] (2), six clefs avec leurs clavettes ou coins, servant à retenir les arbres jumellés, au cas qu'ils viennent à se désunir, cinq *trapetes* [T], dix pieds-pendans [Y], quarante baquets à poignée, dix pelles de bois, cinq rables de fer.

CHAPITRE XIII.

CE qu'il faut pour un pressoir au moment où l'on en fera usage. Un vase de cuivre qui contienne cinq *quadrantals*, trois crochets de fer, un grand plat rond de cuivre, une paire de meules [X], un

---

y avoir plus d'arbres en réserve que de treuils ? pour les autres nombres de ce Chapitre, comme ils sont presque tous fautifs, nous les avons corrigés de la façon qui nous a paru la plus raisonnable. On en verra les motifs dans l'Explication qui se trouve à la fin de l'Ouvrage.

(2) Ce sont des bouts de solives, au moyen desquelles le point d'appui du pied de l'arbre peut être fixé plus bas ou plus haut à volonté.

crible, un tamis, une hache, un banc, une cruche
à vin, une barre pour fermer le pressoir par-de-
dans, un lit tout dressé pour coucher les deux personnes libres qui gardent le pressoir; & pour coucher l'esclave qui tient le troisieme rang dans le
pressoir, ainsi que les pressureurs, des cabacs tant
vieux que neufs, un branle, un oreiller & un cuir,
deux lampes environnées de grilles, une serre à
provisions (1), une échelle (2). Voici ce qu'il faudra pour le cellier à huile. Des futailles pour mettre l'huile avec leurs couvercles, quatorze vaisseaux pour survuider les chaudieres d'huile, deux
grandes tasses & deux petites, trois couloires de
cuivre, deux amphores à huile, un pot-à-l'eau,
une urne de cinquante *sextarii*, une mesure d'un
sextarius pour l'huile, une petite cuvette, deux
entonnoirs, deux éponges, deux cruches de terre,
deux autres d'une urne chacune, deux couloires de
bois, trois serrures avec leurs clefs, deux chaises,
une balance & cent livres pesant, en poids justes
de différentes valeurs.

---

(1) Je croirois plutôt que c'étoit un instrument armé de
plusieurs crocs, que l'on mettoit près du foyer. Comme on y
suspendoit principalement la viande, on l'appelloit *carnarium*, mais ce n'étoit pas sa seule destination : car on y suspendoit en outre tout ce que l'on vouloit préserver de l'humidité, comme les cordages, Chap. LXVIII.

(2) Ce qui suit regardant le cellier, auroit bien pû faire
un Chapitre distinct.

CHAPITRE XIV.

SI vous faites marché avec un Entrepreneur pour vous construire une Métairie toute à neuf, sur un terrein brute, voici ce que cet Entrepreneur aura à faire. Tous les murs (conformément au plan) à chaux & à ciment, les pilliers en pierre de taille, toutes les charpentes nécessaires ; les seuils, les poteaux d'huisserie, les linteaux, les chevrons, les pieds-droits, les mangeoires des bœufs pour l'Hiver, & leurs rateliers (1) pour l'Eté, l'écurie pour les chevaux, les cabanes pour les gens, trois serres à provisions, une table ronde, deux chaudieres, dix étables à cochons, un âtre (2), une porte charretiere, & une autre telle que le Propriétaire la demandera, des fenêtres, dix barreaux de deux pieds pour les fenêtres tant

---

(1) Il sembleroit par cette distinction entre les mangeoires & les rateliers, qu'ils ne nourrissoient leurs bœufs pendant l'hiver que de légumes & de feuilles, & qu'ils ne leur donnoient que du foin pendant l'Eté. Peut-être même les changeoient-ils d'Etables dans ces différentes saisons.

(2 Je serois assez porté à croire que le *focus* des Latins ne signifioit pas seulement l'âtre, mais encore tout instrument de cuisine utile à la cuisson, comme réchaud, tourtiere, &c. Cette note retrouvera son application dans d'autres endroits de cet Ouvrage.

grandes que petites (3), six ouvertures pour donner du jour, trois bancs, cinq chaises, deux métiers de Tisserand, six carreaux transparens (4),
un petit mortier pour battre le bled, un autre
pour fouler les étoffes, des chambranles, deux
assortimens d'ustensiles à l'usage du pressoir; ce
sera le Propriétaire qui fournira les matériaux, &
tout ce qui sera nécessaire pour la confection de
tous ces ouvrages; de façon que les ouvriers n'auront plus qu'à couper, tailler, rogner & mettre en
œuvre; ce sera l'Entrepreneur qui fournira la pierre, la chaux, le sable, l'eau, la paille, & la terre
nécessaire pour faire le mortier. Si le tonnerre
vient à tomber sur cette Métairie, il faudra la
purifier. Voici le prix qu'il en doit coûter pour
ces ouvrages, à un galant homme qui fournira
avec exactitude les matériaux nécessaires, & qui
payera comptant : ce prix, tant pour la couverture, que pour le reste du bâtiment, se réglera par
le nombre des tuiles qu'on supposera de deux

---

(3) Si le texte n'est point corrompu ici, comme il le paroît
dans tout ce Chapitre, au moins par la confusion qui y regne, leurs fenêtres ne différoient entr'elles que par la hauteur, & non par la largeur, puisque des barreaux de deux
pieds servoient aux grandes comme aux petites.

(4) C'étoit apparemment pour fermer les ouvertures dont
il vient de parler, & se garantir des injures de l'air. Au surplus, ces carreaux n'étoient point de verre comme les nôtres,
puisque Sénèque nous apprend qu'on n'a commencé à connoître le verre que de son temps.

pieds; & voici comme on les eftimera pour la couverture : s'il s'en faut d'un quart qu'une tuile ne
foit entiere, elle ne fera comptée que pour une
demi-tuile, comme il en faudra quatre de celles
qui fe trouveront réduites encore à moins, pour
faire la valeur d'une entiere; au contraire les tuiles qui ferviront de goutieres, feront comptées
pour deux : quant au refte du bâtiment, pourvu
que l'on fe borne à ne faire en pierre & mortier
de chaux, que les fondemens, & à ne les élever
hors terre que d'un pied, faifant le refte des murs
en brique, ne mettant de croifées & de chambranles, que ce qu'il en faudra abfolument, &
ne faifant en chaux & ciment dans tout le bâtiment que ce que la loi défigne, le prix de chaque
tuile fera d'un *nummus*. C'eft fur ce pied que doit
être payé le détail de la main-d'œuvre par tout
galant homme qui fait bâtir dans un lieu fain;
mais fi l'on fait bâtir dans un lieu mal-fain, où
les ouvriers ne puiffent pas travailler pendant les
chaleurs de l'Eté, il en coûtera un quart en-fus.

CHAPITRE XV.

LEs (1) murs de clôture feront construits en moël-
lon, avec mortier de chaux & fable, que le Pro-

---

(1) On a mal-à-propos féparé ce Chapitre, & le fuivant,
qui ne devoient en faire qu'un avec le précédent.

priétaire fournira à pied d'œuvre : ils auront cinq pieds de hauteur, sans y comprendre le chaperon, auquel on donnera un pied de hauteur : ils auront un pied & demi d'épaisseur (2) : on chargera l'Entrepreneur de les crépir. Si le Propriétaire donne sa clôture à entreprise (3), le cent de pieds quarrés, c'est-à-dire, un quarré de pareil mur, ayant dix pieds de côté, ou un parallelogramme ayant cinq pieds de base sur une perche de vingt pieds, lui coûtera dix *nummi* (4). Si l'on donne un pied & demi d'épaisseur à la fondation, & que le Propriétaire fournisse les matériaux à pied-d'œuvre, il doit compter sur un *modius* de chaux, & deux de sable par pieds de longueur de ces murs.

CHAPITRE XVI.

QUAND on donne la chaux à faire à charge de partage, voici comment l'on traite. Le Chaufour-

---

(2) Il est sensible que *longam p. XIV.* est interpolé ; que signifieroit en effet cette longueur de quatorze pieds ? je crains bien aussi que la hauteur ne soit fautive, car une muraille de six pieds est trop basse pour garantir des bêtes sauvages ou des voleurs. Mais combien devoit-elle avoir ? c'est ce qu'il est difficile de décider. Tenons-nous-en à dire que ce Chapitre est bien obscur.

(3) Il paroît qu'il faut supposer que c'est en se déchargeant de toute fourniture.

(4) Nous lisons *aut libellis in pedes V, & perticam unam*

nier s'engage à charger le four, à cuire la chaux, à la retirer du four, comme à préparer le bois convenablement à ce four : & le Propriétaire s'engage de son côté à fournir au pied de ce même four, la pierre & tout le bois nécessaire pour la calciner.

CHAPITRE XVII.

Quel est le temps propre à couper le bois. Le robre ainsi que le bois dont on fait les échalats, est toujours bon à couper au solstice d'hiver. Pour les autres arbres qui portent leur semence, ils sont bons à couper lorsqu'elle est à son point de maturité, & ceux qui ne la portent point, lorsqu'ils se dépouillent. De même que l'on peut cueillir du fruit en tout temps de l'année, sur les arbres qui ont à la fois de la semence verte & de la mûre, tels que le cyprès & le pin, on peut aussi les couper dans tel temps de l'année que l'on voudra. En effet, ces arbres ont de deux espèces de noix (1), celles de la seconde année, dont la semence est prête à tomber, & celles de l'année : or il faut les cueillir dès qu'elles commencent à s'entr'ouvrir ;

---

pedum XX, *num.* X. Le texte tel qu'il est nous semble inintelligible.

(1) On appelle celles du pin, des pignons.

mais comme elles ne font que commencer à mûrir aux premieres femailles, il faut encore attendre à plus de huit mois par-delà. Quant aux noix
de l'année, elles font trop vertes pour être cueillies. L'orme eſt encore bon à couper à la chûte de
ſes feuilles.

CHAPITRE XVIII.

SI vous voulez conſtruire un preſſoir à quatre
équipages complets [*Planch. I*], & qu'il n'ait
que la grandeur abſolument néceſſaire, arran-
gez vos piéces de la maniere qui ſuit. Donnez
deux pieds d'équariſſage aux jumelles [A], &
neufs pieds de hauteur y compris les tenons qui
les termineront ſupérieurement, & la portion de
leur pied qui ſera engagée dans le patin ; ouvrez
le logement des aiguilles [Aa] de trois pieds neuf
pouces en hauteur, ſur ſix doigts de largeur : ouvrez une mortaiſe [Ab] à un pied & demi du ſol :
donnez deux pieds à l'entre-jumelles, écartez-les
de deux pieds des murs (1) ; mettez dix-huit pieds
entre ces jumelles [A], & la paire de poteaux [B]
qui appartient à ce même preſſoir ; donnez à chaque poteau [B] deux pieds de diametre, & dix

____

(1) Nous aurons de grandes obligations à quiconque
nous donnera la clef des paroles qui ſuivent *in* 11. *arbores p.* 1 =- car il ne nous a pas été poſſible de les entendre, c'eſt ce qui nous les a fait ſupprimer.

pieds de hauteur, y compris les tenons qui doivent les terminer supérieurement, & la partie qui sera engagée dans le patin. Le treuil [C] doit avoir neuf pieds de longueur, sans compter celle de ses tourillons. L'arbre [D] doit avoir vingt-cinq pieds de longueur, y compris la partie engagée entre les jumelles, laquelle aura deux pieds & demi de longueur. La surface du hangard, qu'occupent deux pressoirs, y compris leurs deux bassins [P] & deux *Trapetes* [T] (2), aura 33 pieds de largeur, prise sur la longueur du hangard [EF]; dans cette surface seront pris, entre un pressoir à droite, & un à gauche, vingt pieds pour placer les deux *Trapetes* [T, T1] appartenant à ces deux pressoirs [GG]; entre les poteaux d'un pressoir [B], & ceux du pressoir de la seconde couple qui est sur le même alignement, il faut une espace de dix-huit pieds pour les charrois [HH]. Entre ces derniers poteaux [B], appartenant à la seconde couple de pressoirs, & le mur qui est derriere leurs jumelles [A], il y aura vingt-deux pieds [II]; ainsi le total de l'emplacement qu'il faut pour loger ces quatre équipages, est de soixante & six pieds de longueur [EE], sur trente-six pieds de largeur entre murs [JJ]. Aux places où vous dresserez vos jumelles [A], faites de bons fondemens de cinq pieds de profondeur : couvrez-en d'une pierre dure d'un

---

(2) Il appelle *Trapete* la machine dont il donnera la description dans les Chap. XX. XXI. & XXII.

pied & demi d'épaisseur, la superficie qui sera de
six pieds & demi de longueur, sur deux pieds &
demi de largeur [*A*]. Vous creuserez dans cette
pierre un logement pour les pieds des deux jumelles [A]; établissez-donc dans ce logement vos
deux jumelles [A]; ce qu'il y restera de vuide
entre le pied de l'une & celui de l'autre, doit être
rempli par une piéce de chêne, & s'il s'y trouve
quelque faux joint, on y coulera du plomb. Les
tenons supérieurs des jumelles [A] auront six doigts
de hauteur, & elles seront coëffées d'un chapeau
de chêne [Ac]. Vous ferez de même de bons fondemens, de cinq pieds de profondeur, pour placer
les poteaux [B]; vous y poserez sur son lit de carriere, & bien de niveau, une pierre de taille longue de deux pieds & demi, large de deux pieds
& demi, & épaisse d'un pied & demi [*B*]. Sur
cette pierre [*B*] vous poserez un poteau [B], &
sur une pierre [*B*] semblable, & assise de même,
vous poserez l'autre poteau de cette paire [B]. Sur
les jumelles [A] & les poteaux [B] de chacun
des deux pressoirs, vous poserez une poutre ho-
risontalement, large de deux pieds, grosse d'un
pied, & longue de trente-sept pieds, ou deux poutres de cette même longueur & jumellées, si vous
n'en avez pas d'assez grosses [KL]. Sur ces poutres [KL], vous poserez entre les murs qui termi-
nent la longueur du hangard, & le passage des
voitures [HH]; (c'est l'emplacement des *Trapetes*) [T] vous poserez, dis-je, une poutre de

vingt-quatre pieds de longueur, & d'un pied &
demi d'équarissage en une piéce, s'il se peut, sinon en deux piéces jumellées [N]. Sur ces poutres [N], posez des bouts d'autres poutres [O],
qui s'appuieront indirectement par le moyen du
poitrail [KL], sur les jumelles [A] & les poteaux [B], & sur cette charpente élevez une maçonnerie [Œ] pour en joindre le poids à celui des
bois, & l'augmenter jusqu'à ce qu'il y en ait assez.
L'aire [P] de chaque pressoir sera fondée à cinq
pieds de profondeur, elle sera ronde, & aura six
pieds de diametre; le bassin [P] qui sera rond
aussi, n'aura que trois pieds de diametre, & un
pied trois quarts de profondeur. Le pavé de la
totalité du hangard [Q], aura été creusé de deux
pieds de profondeur, & le fond en aura été assuré
à l'aide de la hie, après quoi l'on aura étendu une
couche de demi-pied d'épaisseur en menu ciment,
avec chaux & sable, & d'autres couches semblables, jusqu'à ce que l'on ait eu regagné son premier niveau; mais pour les aires [P], & les bassins [P], voici la façon de les paver : lorsque vous
aurez bien nivellé & applani la surface des fondemens, couchez une premiere assise de gravier,
sable & chaux, & la battez. Faites une seconde
assise pareille, recouvrez celle-ci d'une couche
épaisse de deux doigts en chaux & ciment de
tessons passé au crible; cette couche faite, bat-
tez-la, frottez-la & polissez-la à l'huile, & vous
aurez de bonnes aires de pressoirs [P], & de bons

baffins [*P*]. Vous choifirez entre le chêne ou le pin pour faire vos jumelles [A], & vos poteaux [B]. Si vous voulez vous difpenfer d'employer des poutres [KL] auffi longues que le porte la fixation précédente, entez-les par entailles; & dès-lors, il fuffira d'avoir des poutres de vingt cinq pieds. La table qui couvrira le tas à preffurer [⊙], aura quatre pieds de diametre, les piéces en feront jointées & affemblées par clefs à la Carthaginoife (3), elles auront fix doigts d'épaiffeur, elles feront liées extérieurement par clefs à queue d'hirondes, de bois d'Yeufe, maintenues en place par des chevilles de cornouiller. Elles feront encore affermies dans leur affemblage par trois barres fixées par des clous de fer. Cette table [⊙] fera d'orme, ou de cornouiller (4). Si vous avez de l'un & de l'autre bois, entremêlez-les.

CHAPITRE XIX.

Si ces équipages font deftinés au preffurage du raifin, les jumelles [A] & les poteaux [B] au-

---

(3) C'eft-à-dire, par clefs en forme de tenons pénétrant d'une moitié de leur longueur dans l'épaiffeur d'une piéce, & la feconde moitié dans l'épaiffeur de l'autre piéce, & chevillées dans l'une & dans l'autre.

(4) En lifant *corno* au lieu de *corylo*. En effet, le coudrier eft un arbriffeau, plutôt qu'un arbre capable de fournir des piéces de cette importance.

ront deux pieds de hauteur de plus ; on terminera les entr'ouvertures des jumelles [Aa], à un pied au-deſſous du chapeau [Ac], par un logement ouvert de demi-pied en hauteur comme en largeur, pour recevoir une aiguille particuliere. Chaque tête du treuil [C] ſera percée de trois trous de part en part, ce qui produira ſix orifices pour recevoir les barres [α] ; le premier trou ſera percé à demi-pied du tourillon, les autres ſeront diſtribués avec égalité ſur la longueur de la tête. Le croc ſera ſur le point milieu de la longueur totale du treuil [C], & le milieu de l'intervalle qui ſe trouvera entre les poteaux [B], doit être marqué par ce croc. Pour que l'arbre [D] ſoit bien établi dans ſa juſte direction, vous aurez ſoin en taillant le pied (1) de vous jauger fidelement ſur le milieu de la largeur de l'arbre, à l'effet que ce milieu concoure préciſément avec le milieu de l'entre-jumelles. Vous laiſſerez un travers de pouce de jeu entre cette piéce & les jumelles [A]. Les plus longs leviers, dont on puiſſe faire uſage, ont dix - huit pieds ; les ſeconds ſeize ; les troiſiemes quatorze (2) ; ceux dont on uſe le plus commu-

---

(1) C'eſt-à-dire, la partie compriſe entre l'extrémité & l'épaulement [Df], qui s'oppoſe à ce qu'il s'engage trop avant dans les jumelles [A].

(2) Le texte porte quinze, mais il eſt viſible qu'il faut lire quatorze pour obſerver la progreſſion. Il eſt ſingulier qu'aucun Editeur, ni aucun Commentateur n'ait fait cette correction.

nément sont de douze [*a*], de dix , & de huit
pieds seulement [λ].

CHAPITRE XX.

COMMENT il faut ajuster le *Trapete* [*Planch. II.
Fig. II.*]. Il faut que la petite colomne de fer [V],
qui s'éleve sur le *miliaire* [*Uc*] (1), soit fixée in-
variablement, & bien verticalement : pour cet
effet, enfoncez des coins de bois de saule tout à
l'entour, dans la boëte où elle est engagée [*Ud*],
gardez-vous d'y couler du plomb, pour l'affermir
(2); si elle vacille, arrachez-la plutôt, & posez-la

---

(1) Il appelle *miliaire* [*Uc*], une exubérance de la forme d'un vase miliaire qui occupe le centre du bassin [U],
& qui a la même hauteur que le rebord [*Ua*]. Il y en a qui
prétendent que le vase, qui avoit cette forme particuliere,
servoit à cuire le millet, & que son nom lui venoit delà,
mais il est plus probable que c'étoit un vase quelconque
d'usage dans les bains, ou dans les cuisines, pour chauffer
l'eau, auquel, par la raison qu'il étoit haut & étroit, on a
peut-être trouvé de la ressemblance avec un grain de millet ;
de là son nom : mais je croirois plutôt que l'étymologie de
notre miliaire viendroit plutôt de la ressemblance qu'il avoit
avec les pierres, dont on se servoit pour marquer les milles.

(2) En effet, le plomb ne seroit pas à l'abri de tout déran-
gement, & rendroit extrêmement difficile le rétablissement
de l'aplomb de la colomne [V], dès que quelque accident
l'auroit interverti.

de nouveau avec des coins de bois de faule, jufqu'à ce que vous foyez parvenu à la rendre ftable
& bien d'aplomb. Faires les moyeux [*X*gg] des
meules [X] d'olivier *orchis*, & affurez-les dans
la pierre à l'aide du plomb que vous coulerez entre la pierre & le bois; ayez foin d'éviter qu'ils ne
balottent (3) : s'ils viennent à vaciller à l'effieu
[W], remboîtez - les de boîtes [*W*e] d'une feule
piéce (4) épaiffes d'un travers de pouce, & faites en forte que les deux orifices de chacune s'af-
fleurent exactement de chaque côté, & puiffent
tous deux être fixés par clous, crainte que la boîte
[*W*e] ne fe dérange.

CHAPITRE XXI.

Donnez dix pieds de longueur à l'effieu [W]
(1) : qu'il foit de la groffeur que demandent les

---

(3) *Ne laxi fient* nous femble être une fuite immédiate de
circumplumbato, & par conféquent ne regarder que l'affemblage & la ftabilité du moyeu [*X*gg] dans la meule [X].
Autrement, *fi labent in cupam*, (car il eft vifible qu'il ne faut
pas féparer ces mots), feroit une répétition.

(4) Nous expliquons *folidas* ici, comme dans le Chap.
XVIII, *vel duplices indito*, *fi folidas non habebis*. Quant à
tunicas, la meilleure preuve que nous ayons à donner de la
juftefle de notre interprétation, eft celle du fens de notre
phrafe.

(1) Ces mots *cupa* & *cupula* qui en eft le diminutif, pa-

moyeux [*X*gg] des meules [X] : donnés à la partie qui en formera le milieu, & séparera les meules [X] l'une de l'autre, toute la grosseur que demandera la colonne de fer [V] pour y être reçue :
faites dans cette même partie le logement du som-
met de la colomne [V] ; garnissez-le intérieurement d'une boîte de fer [*W*e] ajustée au diametre de la colonne [V], & à celui de l'essieu [W].
Vers le milieu de cet essieu [W], tant à droite
qu'à gauche, faites des trous larges de quatre pointes de doigts, & profonds de trois ; attachez sous
cette piéce, qui est suffisamment large dans cette
partie, une platine de fer [*W*f] percée pour livrer passage à la colonne [V], garnissez de lames
de fer les quatre parois latérales [*W*f] de chacun
des trous, que vous aurez pratiqués de droite &
de gauche, dans la face intérieure de l'essieu [W].
Repliez sur cette surface chacune de ces quatre
lames [*W*f] introduites dans chaque trou. Sur les
parties repliées de toutes les lames [*W*f] insérées
dans les trous de droite & de gauche, appliquez-
en d'autres plus minces, que vous clouerez ensemble, pour contenir les premieres dont la destination est d'empêcher que les trous ne s'élargissent ;
quant à la destination de ces trous, elle est de recevoir des pieds-pendans [Y]. Armez les parties

---

roisse venir du mot grec Κ᾽ππος qui signifie *fatigue*. Caton
donne ce nom à ces pieces, parce qu'elles fatiguoient le plus.
C'est le seul Auteur connu où l'on voie ce mot pris en
ce sens.

de cet essieu [W], qui doivent être engagés dans les moyeux [*X*gg], chacune de quatre piéces de fer en forme de goutieres, que vous entaillerez dans le bois de toute leur épaisseur, & percerez dans le milieu, pour les fixer à l'aide de petits clouds. Vous percerez chaque fusée de l'essieu [W], à sa sortie de la meule [X], & en même-temps deux des piéces de l'armature, pour placer l'S [*X*k], qui s'opposera à ce que la meule [X] ne s'éloigne trop de l'épaulement. Pour assurer mieux ces armatures, embrassez-en les bouts extérieurs au moyen d'une frête [*X*l] du poids d'une livre (1), & large de six doigts, percée dessus & dessous au droit du trou de l'S [*X*k]; tout cela est nécessaire pour empêcher que l'essieu [W] ne soit mâché par la pierre. Mettez entre l'épaulement de chaque fusée & la meule [X], ainsi qu'entre la meule [X] & l'S [*X*k] des rondelles de fer bien lissées [*X*h, i], crainte que cette partie de l'essieu [W] & l'S [*X*k] ne soient promptement usées. Le corps de cet essieu [W] peut être d'orme ou de hêtre. Il en coûtera, pour le

---

(1) Suivant Vitruve 8, 7. les tuyaux prenoient leur dénomination de la largeur des lames qui servoient à les faire, ainsi si une lame avoit cinquante doigts de largeur avant d'être arrondie, on donnoit le nom de *quinquagenaria* au tuyau qu'elle servoit à faire. Il en étoit de même apparemment, à plus forte raison pour le poids, c'est-à-dire, que le poids d'une lame devoit encore plutôt donner le nom au tuyau, ou à la fléte qu'elle avoit formée.

fer façonné & posé par le même ouvrier, soixante *nummi* ; pour le plomb, quatre ; pour le salaire
de l'ouvrier, qui aura ajusté l'essieu [W] & les
moyeux [Xgg] dans la pierre, huit ; pour le maître ouvrier s'entend. Il faut que le même ouvrier
ajuste aussi le *Trapete* [T] : la somme totale de
la dépense sera de soixante & douze *nummi*, sans
compter le salaire des aides dont on aura eu
besoin.

CHAPITRE XXII.

VOICI ce à quoi il faut prendre garde, quand on
ajuste ces sortes de machines : que le bassin [U]
soit bien de niveau ; que les meules [X] en rou-
lant soient constamment éloignées du rebord [Ua]
d'un travers de petit doigt, qu'elles ne touchent
point au champ du bassin [U], de peur qu'elles
ne le meurtrissent : qu'il y ait entre la meule [X],
& le miliaire [Uc] un doigt de jeu ; s'il y en a
trop, on le revêtira d'une corde dont la grosseur
sera égale à ce qu'il y a de trop au jeu, on roulera
cette corde autour du miliaire [Uc], en le serrant
fortement, & en pressant le plus qu'on pourra les
révolutions de la corde les unes auprès des autres.
Si les meules [X] portent sur le champ du bassin
[Ubb], rehaussez le miliaire [Uc] à l'aide de
tourteaux de bois [Z], percés pour être enfilés par

la colonne [V], & dont l'épaiſſeur ſoit telle, que les meules [X] ſe trouvent ſuſpendues à la hauteur convenable ; de même pour ajuſter les meules [X] relativement aux rayons du baſſin [U], ayez recours aux rondelles de bois ou de fer [X h, i] de diverſes épaiſſeurs, que vous mettrez entre l'épaulement & la meule [X]; ou entre la meule [X] & l'S [X k], ſuivant l'exigence du cas , à l'effet que les meules [X] ſuivent exactement leur chemin, ſans trop s'approcher ni s'écarter du rebord [U a], ou du miliaire [U c]. Une de ces machines a été vendue aux environs de Sueſſa, quatre cent *nummi* & une livre d'huile (1); il en a coûté ſoixante *nummi* pour l'ajuſter en place, ſoixante & deux tant pour le tranſport qui en a été fait par des bœufs, que pour les journées de ſix hommes y compris les bouviers. L'eſſieu [W] tout appareillé a coûté ſoixante & douze *nummi* en argent , & vingt-cinq pour l'huile : ainſi le tout eſt revenu à ſix cens dix-neuf *nummi*. Il en a été vendu une toute appareillée à Pompéii, qui a coûté trois cens quatre-vingt-quatre *nummi* d'achat, & deux cens quatre-vingt pour le tranſport. Il eſt toujours indiſpenſable de faire ajuſter ces machines chez ſoi, en les y mettant en place, & pour cela, il en coûte ſoixante *nummi* pour les frais :

---

(1) Nous donnons des pots de vin dans nos marchés, les Romains donnoient de l'huile : nous en retrouverons d'autres exemples dans cet Ouvrage.

ainſi toutes montées elles reviennent à ſept cens vingt-quatre *nummi*. Si vous voulez remonter de vieux *Trapetes* [T] avec de moyennes meules [X], qui n'aient qu'un pied & trois doigts d'épaiſſeur, ſur un pied de diametre, & dont l'ouverture ait un demi-pied de diametre de part en part, il faudra, lorſque vous les aurez fait apporter chez vous, les faire ajuſter relativement aux rayons des baſſins [U] de vos *Trapetes* [T]. On trouve de ces moyennes meules [X] près des murs de Rufrus (2), pour cent quatre-vingt *nummi*, & il en coûte trente pour les faire ajuſter : on les achette le même prix à Pompéii.

CHAPITRE XXIII.

AYEZ ſoin de faire préparer tout ce qui ſera néceſſaire pour la Vendange , de faire nettoyer les inſtrumens du preſſoir, raccommoder les paniers, enduire de poix les futailles & tout ce qui aura beſoin de cet apprêt; profitez des temps pluvieux pour préparer & raccommoder les paniers, pour broyer le bled, pour vous pourvoir de manequins, & pour ſaler les olives, qui ſeront tombées d'elles-mêmes. Il faut cueillir du raiſin noir dès qu'il en

---

(2) C'étoit un lieu de la ville de Nole, voyez au Chapitre CXXXV.

fera temps, pour faire le vin de premiere vendange, qui fervira de boiffon aux ouvriers, & mettre
le vin doux chaque jour dans les futailles, à mefure qu'il fe fera. On peut, s'il en eft befoin, mettre dans le vin doux, du vin de mere - goutte (1)
cuit jufqu'à diminution de moitié, auquel cas il
en faudra mettre la quarantieme partie, ou bien
une livre & demie de fel par *culleus*. Si l'on y met
du marbre pulvérifé, on en mettra une livre par
culleus, en obfervant de le mêler d'abord avec du
moût dans une urne, & de le bien agiter avant
que de le jetter dans la futaille; fi l'on y met de
la réfine, il en faudra mettre trois livres dans un
culleus; on l'émiera bien, & on la defcendra dans
la futaille, renfermée dans un petit fachet de
jonc, de maniere qu'elle pende au milieu du vin,
& on balottera fréquemment la futaille, afin de
lui donner la facilité de fe liquéfier. En général,
foit que l'on mette du vin cuit jufqu'à diminution

____

(1) Pline, en citant cet endroit 14, 20, au lieu de vin de
mere-goutte, prétend que Caton ordonne d'y mettre de la
cendre dont on fe fert pour faire la leffive, & le P. Hardouin
ajoute dans fes notes que par *cinis lixivius*, qu'il veut
auffi qu'on life ici au lieu de *muftum lixivium*, on ne doit
pas entendre la cendre elle-même, mais l'eau de la leffive qui
a paffé à travers cette cendre. Pline prétend encore que Caton recommande d'y mettre du fouffre, quoiqu'il n'en foit
pas ici queftion. L'erreur vient-elle des livres dont Pline
s'eft fervi, ou des nôtres? je ne crois pas qu'on effaie jamais de ces recettes pour le démêler.

de moitié, soit que l'on mette du marbre pulvérisé, ou de la résine dans le vin, il faut remuer
souvent ce mêlange pendant vingt jours. Il faudra
partager dans chaque futaille, par portions égales,
le vin de taille (2).

CHAPITRE XXIV.

MANIERE de faire du vin Grec. On prend du
vin Apicius bien mûr, & sur un *culleus* de vin
doux fait avec ce raisin, on met deux *quadran-*
tals de vieille (1) eau de mer, ou un *modius* de
sel pur renfermé dans un sachet de jonc, que l'on
suspend dans la futaille, & que l'on y laisse fondre
avec le vin doux. Si l'on veut faire du vin pail-
let, on prend moitié vin gris & moitié vin Apicius, on y ajoute un trentieme de vieux vin cuit
jusqu'à diminution de moitié. Regle générale :
toutes les fois que vous voudrez travailler votre
vin, mêlez-y un trentieme de vin cuit jusqu'à
diminution de moitié.

(2) Pline ajoute *ibid.* comme de Caton, que cette opération ne doit se faire qu'après que le vin aura cuvé.

(1) On voit dans Columelle 12, 21, qu'ils gardoient
quelquefois cette eau pendant six ans entiers avant de
l'employer dans le vin.

CHAPITRE XXV.

LORSQUE le raisin sera mûr, & que vous le cueillerez, commencez par en garder une partie pour votre maison, & pour vos amis. Tâchez de ne le cueillir que lorsqu'il sera bien mûr, & par un temps sec, si vous voulez que votre vin ne perde pas de sa qualité ; passez tous les jours le nouveau marc sur un lit de sangle qui vous servira de crible à cet effet, foulez-le bien ensuite dans des futailles enduites de poix, où dans une cuve apprêtée de même, après quoi vous le couvrirez bien, & le ferez boucher, pour le donner aux bœufs pendant l'hiver, où si vous l'aimez mieux, vous jetterez un peu d'eau dessus, pour en faire de la piquette, qui servira de boisson à vos gens.

CHAPITRE XXVI.

LA vendange finie, faites serrer en son lieu & place, les ustensiles à l'usage du pressoir, les paniers, les cabacs, les cordages, les barres & les aiguilles [⊙] (1). Faites nettoyer deux fois par

---

(1) Cette premiere phrase est répétée dans le Chapitre LXVIII, où elle est plus à sa place, sçavoir après que le vin & l'huile sont faits ; car nous avons vû que les mé-

jour les futailles pleines : vous aurez soin d'avoir à cet effet autant de balais (1) que de futailles, & vous vous en servirez pour les frotter tout autour. Lorsque vous aurez fait cette opération un mois de suite, & qu'il ne restera plus d'impuretés dans vos futailles, bouchez-les : il sera temps alors de tirer votre vin à clair, si vous le jugez à propos.

CHAPITRE XXVII.

COMMENCEZ vos semailles par la dragée, la vesse, le fenu-Grec, les feves & l'ers, pour nourrir vos bœufs. Ce ne sera qu'après avoir semé ce fourage jusqu'à deux & trois reprises différentes, que vous semerez les autres graines. Dans le temps que vous semerez le grain, vous préparerez aussi des fosses dans les jacheres pour les oliviers, les ormes, la vigne & les figuiers. Si le terrein est sec, c'est le cas d'y planter des oliviers dans le temps des semailles; il faudra aussi tailler alors les jeunes oliviers qui auront été plantés précédemment, & déchausser les arbres.

---

mes instrumens servoient pour la plupart à l'huile comme au vin, ainsi il faut attendre que l'huile soit faite pour les serrer.

(2) Il donne la maniere de faire ces balais dans le Chap. CLII, qui seroit par conséquent mieux placé à la suite de celui-ci.

CHAPITRE XXVIII.

QUAND vous aurez à planter des oliviers, des ormes, des figuiers, des arbres fruitiers, de la vigne, des pins, des cyprès, il faudra les bien enlever avec leur racines, & le plus que vous pourrez de la terre dans laquelle ils auront été élevés, & les envelopper pour pouvoir les transporter facilement; vous les ferez transporter dans des caisses de bois, ou dans des paniers. Gardez-vous, lorsqu'il fera du vent ou de la pluie, de rien déterrer, comme de rien planter, car c'est la chose du monde qu'il faut le plus éviter. Lorsque vous déposerez un arbre dans la fosse qui lui sera destinée, vous aurez soin de mettre au fond la terre qui étoit auparavant à la superficie, & d'en couvrir toutes les racines de votre arbre, après quoi vous la foulerez bien aux pieds, & vous la battrez le mieux que vous pourrez avec des hies & des leviers : c'est un point essentiel. Lorsque les arbres que vous planterez auront plus de cinq doigts de grosseur, vous les rognerez préalablement par le haut, & les recouvrirez avec du fumier, que vous envelopperez de feuilles.

CHAPITRE XXIX.

VOICI comme il faudra partager votre fumier : vous en porterez la moitié sur les terres labourées, où vous devez semer du fourage ; & s'il s'y trouve des oliviers, vous les déchausserez en même-temps, pour leur en appliquer une partie. Ensuite vous semerez votre fourage, & vous ajouterez encore au pied de ceux des oliviers déchaussés, qui en auront le plus besoin, un quart de votre fumier, que vous aurez soin de recouvrir de terre ; vous réserverez l'autre quart pour vos prairies, auxquelles il sera surtout nécessaire, si elles sont seches. Voiturez le fumier lorsqu'il n'y aura pas de lune, & que le vent *favonius* (1) soufflera.

CHAPITRE XXX.

DONNEZ aux bœufs des feuilles d'orme, de peuplier, de chêne, de figuier, tant que vous en aurez, ainsi que du feuillage verd aux brebis. Faites parquer les brebis sur les terres que vous devez ensemencer, & donnez-leur du feuillage jusqu'à ce que le fourrage soit mûr. Conservez, avec tout le soin possible, le fourage sec que vous aurez serré pour l'Hiver, & n'oubliez pas que cette saison est de longue durée.

(1) Voy. la Note 7 du Chap. VI.

CHAPITRE XXXI.

PRéparez ce qui sera nécessaire pour la récolte des olives : coupez à temps l'osier & les saules pour avoir de quoi faire des corbeilles neuves, & réparer les vieilles. Voici de quoi on fait les aiguilles [φ] : on laisse tremper dans l'eau, ou bien l'on enfonce dans du fumier des branches d'yeuse, d'orme, de noyer & de figuier, quand elles sont trop seches, & l'on s'en sert ensuite pour faire des aiguilles [φ], à mesure que l'on en à besoin. Ayez soin de préparer des leviers [αλ] faits d'yeuse, d'alisier (1), de laurier, d'orme; donnez la préférence au charme noir (2), pour les arbres

---

(1) Pline 16, 84, lit *aquifolios*, qui veut dire *de houx*, mais comme il est difficile que le houx, qui est un bois flexible, pût servir à cet usage, nous préférons *acrufolios*. Au surplus, peut-être que l'*aquifolios* de Pline, & l'*acrufolios* même de Caton, sont tous deux l'*acrifolium*, qui est une espéce d'Yeuse très-dure.

(2) Pline 16, 75, lit *sapin noir* : effectivement on ne connoît gueres de charme noir, quoique quelques Auteurs veulent que ce charme noir soit un arbre semblable à l'orme, & dont les fruits sont en grappe, comme ceux du houblon : ils le nomment *Ostrya*. Cet arbre croît sur les montagnes; son fruit est couvert en entier d'une espece de bourse, & c'est par-là qu'il differe selon eux du charme, dont le fruit sort d'une enveloppe fendue en plusieurs en-

de preſſoir [D] : faites attention à n'abattre l'orme, le pin, le noyer, ou quelque bois que ce ſoit, qu'au déclin de la lune après midi, & lorſque le vent du Sud ne ſoufflera pas. Ces eſpeces d'arbres ſont bons à couper, lorſque leur ſemence eſt mûre. Gardez-vous de les couper, ou de les mettre en œuvre pendant la pluie. Les arbres qui ne portent pas leur ſemence, ſont bons à couper lorſqu'ils ſe dépouillent. Ne touchez ni au bois, ni au vin, tant que le vent du Sud ſoufflera, ſi ce n'eſt dans le cas de la plus grande néceſſité.

CHAPITRE XXXII.

Commencez de bonne heure à tailler la vigne & les arbres auxquels elle eſt mariée. Provignez la vigne, & faites, autant qu'il ſe pourra, que les provins s'élevent droits au-deſſus du revers de la tranchée, dans laquelle ils ſont couchés : en taillant ces arbres, ayez ſoin de ne conſerver que des branches qui ſoient écartées les unes des autres, & de les tailler comme il faut, ſans en laiſſer une trop grande quantité. Que tous les pampres y ſoient bien liés, & prenez-bien garde d'en laiſſer trop de pendans, ou de les ſerrer trop fort en

---

droits : car ils ſe reſſemblent d'ailleurs tous deux par les chatons.

les attachant. Veillez à ce que les arbres soient bien garnis de vignes, & que la vigne soit assez peuplée, pour fournir toujours de quoi regarnir les lieux où elle sera trop claire : abbatez aussi dans la même vue des sarmens, & couchez-les en terre pour en faire des marcottes, que vous sevrerez la seconde année.

CHAPITRE XXXIII.

Pour les vignes qui ne sont point mariées aux arbres, voici les soins qu'elles exigent. Déliez tout ce qui aura été lié lors de la taille , quoiqu'il l'ait été convenablement, & liez-le de nouveau, dans la vue d'empêcher que les jets ne se tortuent, & afin qu'ils tendent toujours directement vers le haut : conservez, autant que vous le pourrez, les branches à fruit, ainsi que celles d'attente ; vous ne sçauriez trop vous attacher à bien élever vos vignes , comme à les bien lier, pourvu que vous ne les serriez pas trop. Voici d'autres soins pour d'autres temps. Dans le temps des semences, déchaussez tous les seps. Quand la vigne sera taillée, travaillez-la au pied ; cela fait, commencez à labourer, en traçant des sillons par-devant & par-derriere, tout au long des files de seps. Plantez vos marcottes le plutôt que vous pourrez, & coupez ensuite les vignes sur retour ; tout au moins émondez-les, ou plutôt, si vous avez besoin de marcottes, couchez-les en terre, afin de vous en procurer, que vous sevrerez la seconde année. Il ne sera temps de tailler les vignes nouvelles, que lorsqu'elles seront en bon état. Si votre plan de vigne est trop dégarni de seps, faites-y des tranchées pour y planter des marcottes; il faudra écarter l'ombre de ces tranchées, & les labourer souvent. Si votre vigne est vieille, semez-y de la dragée; si elle est maigre, n'y semez rien de ce qu'on laisse monter en épis (1); mais mettez autour des souches, ou du fumier, ou de la paille, ou du marc, afin qu'elles se fortifient. Dès que la vigne commencera à se garnir de feuilles, épamprez-la : liez souvent les jeunes vignes, de peur que leurs pampres ne se rompent, & dès qu'elles atteindront à la perche, attachez-y leurs pampres avec toute la précaution, que demandent des productions si nouvelles & si fragiles : ayez soin en même-temps de les découber, & de les faire monter en ligne droite. Lorsque le raisin commencera à tourner, retroussez les seps, en en relevant les pampres, effeuillez-les, & dégagez les grappes, en sarclant autour des souches. Coupez les saules dans le temps convenable, & liez-en les branches en bottes, après les avoir écorcées; vous conserverez à part l'écorce, & vous la met-

---

(1) Il veut apparemment que l'on n'y sème que des légumes ou du fourage, qui se coupe en verd.

trez tremper dans l'eau, afin de vous en servir, quand vous en aurez besoin, pour attacher vos vignes; vous conserverez aussi les branches d'osier pour en faire des corbeilles.

CHAPITRE XXXIV.

JE reviens aux semailles. Commencez par ensemencer les terreins les plus froids, & les plus aqueux, & vous finirez par les plus chauds. Gardez-vous de travailler à la terre, quand elle sera trop mouillée. Il viendra de bons lupins dans une terre rouge, dans une terre légere & facile à cultiver, dans une terre forte, dans une terre remplie de cailloux, & dans celle qui est sablonneuse, ainsi que dans celle qui n'est point aqueuse. Semez préférablement le bled appellé Ador (1), dans la craie, dans la terre qui est humide, dans la terre

___

(1) Qu'est-ce que c'étoit que le bled Ador? nous laissons à d'autres le soin de rapporter à nos grains & à nos légumes modernes, tous ceux dont les Anciens nous ont laissé le nom : il n'y a peut-être pas de recherche plus utile que celle-là ; mais aussi demande-t-elle beaucoup de connoissances, & de lectures : elle exige même une correspondance bien établie avec les pays Etrangers, & sur-tout avec l'Italie. Il seroit bien à souhaiter que quelqu'une des Sociétés d'Agriculture, si communes aujourd'hui, tournât son attention de ce côté-là.

rouge,

rouge, & dans celle qui est aqueuse ; pour le froment commun, il faut le semer dans les terreins secs, dégarnis d'herbes & découverts.

CHAPITRE XXXV.

SEMEZ les fèves dans les terres fortes, & qui ne font point sujetes à la grêle. Semez la vesse & le fenu-Grec dans celles où l'herbe sera rare (1) : il faut semer le bled *siligo* (2) & le froment commun dans les terreins découverts & élevés, & où le soleil reste par conséquent le plus long-temps. Semez les lentilles dans les terres pierreuses (3) & dans les terres rouges, qui n'engendrent point d'herbes. Semez l'orge dans les terres neuves, ou

---

(1) Pline 18 , 46 , ajoute comme de Caton, *& qui ne seront point aqueuses* , mais cette addition à bien l'air d'une explication du premier mot , dont Pline est l'auteur. Le style oraculeux de Caton n'est pas abondant en mots synonimes.

(2) Voy. la note du Chapitre précédent.

(3) Pline *ibid.* au lieu de *pierreuses* , met *pleines d'arbrisseaux.* Il faudroit connoître au juste la nature de la lentille de Caton , pour juger laquelle de ces deux qualités il a exigé dans le terrein qu'il lui consacre. En attendant que nous ayons acquis cette connoissance , nous pouvons toujours assurer qu'une terre pierreuse est plus analogue à celle qui n'engendre point d'herbes , telle que celle qu'exige ici Caton de concert avec Pline lui-même , qu'une terre pleine d'arbrisseaux.

Tome I. E

dans celles qui peuvent rapporter toutes les années
sans se reposer. Il faut semer les trémois (4) dans
les endroits où l'on n'aura pas pû faire les semences à temps, & dans ceux que leur fécondité met
à même de pouvoir porter toutes les années sans
se reposer. Semez des raves ainsi que des raiforts
dans un terrein bien fumé, ou naturellement gras.

CHAPITRE XXXVI.

CE qui fume les terres. Il faudra répandre de
la fiente de pigeons sur les prés & dans les jardins, ou sur les guerets. Vous garderez bien soigneusement les crotes de chevres & de brebis, la
bouze de vaches, ainsi que toute autre espece
d'ordures; vous pouvez aussi répandre de la lie
d'huile sur vos terres, ou en arroser les arbres
après les avoir déchaussés, mais non profondé-
ment : il en faudra une *amphore* avec moitié eau
pour les grands arbres, & une *urne* pour les petits (1), avec pareille quantité d'eau.

---

(4) Ainsi nommés, parce qu'ils murissent en trois mois :
on les appelle aussi bleds de Mars, parce que c'est dans ce
mois qu'on les seme ; ils ont cet avantage sur ceux que l'on
seme en Automne, qu'ils sont moins sujets à être endom-
magés par les pluies, les insectes, & les autres accidens
qui surviennent ordinairement pendant l'hiver.

(1) Pline 17, 28, en citant ce passage, dit qu'il faut

CHAPITRE XXXVII.

CE qui nuit aux terres. Labourer la terre dans le temps qu'elle est trempée, est une chose très-nuisible : le pois chiche est encore pernicieux, tant parce que c'est une légume salé, que parce qu'on est obligé de l'arracher de terre, quand on veut le cueillir. L'orge, le fenu-Grec, & l'ers sont toutes productions qui sucent la terre & l'effritent, comme tout ce qu'on est obligé d'arracher pour le récolter. Ne semez point de fruits à coque dans les terres destinées aux grains ; mais si vous y semez, pour reverser en terre lors de la fleur, le lupin, la fève, la vesce, ce sera un fumier réel, ainsi que le chaume, la paille, les favars, la balle des graines, la feuille d'yeuse & celle de chêne. Arrachez de vos terres à bled l'yeble, la ciguë, & autour de vos saules l'herbe haute & les glayeuls ; ces plantes serviront de litiere aux brebis, comme les feuilles d'arbres que vous aurez ramassées, en serviront aux bœufs. Prenez à part le brou des fruits à coque, que vous jetterez dans

---

une amphore ou une urne de lie d'huile, avec autant d'eau ; mais cette quantité paroît si excessive, qu'il y a lieu de croire que sa mémoire l'a trompé dans cette citation. Ce n'est pas la seule occasion où l'on puisse porter ce jugement, à l'occasion des différences qui se rencontrent entre Caton & lui.

une foſſe, vous verſerez enſuite de l'eau par-deſſus, & vous le remuerez bien avec un rabot,
pour en faire une eſpece de mortier, que vous mettrez autour des oliviers, après les avoir déchauſſés;
vous y mettrez auſſi la cendre des coques, que
vous aurez ſoin de brûler à cet effet. Si votre vigne eſt trop maigre, coupez-en des ſarmens en
petits morceaux (1), que vous mettrez dans des
ſillons de labour, que vous y aurez faits, ou dans
des foſſes creuſées à cet effet (2). Voici ce que
vous aurez à faire pendant les veillées d'hiver.
Vous façonnerez les échalas de chêne ou de tout
autre bois, le lendemain que vous les aurez tranſ-
portés à la maiſon, & par conſéquent lorſqu'ils
ſeront ſecs; vous ferez des fagots, & vous porterez le fumier au tas : ne touchez point au bois qui
eſt ſur pied, ſi ce n'eſt lorſqu'il n'y a point de
lune, & qu'elle eſt dans ſon dernier quartier; les
ſept jours d'après la pleine lune ſeront par conſéquent les plus opportuns pour déraciner le bois,
ou pour le couper. Gardez-vous ſur-tout, autant
que vous le pourrez, de le façonner (3), comme

---

(1) Pline 17, 9, en citant ce paſſage, fait dire à Caton
qu'il faut les brûler, & non pas les enterrer, mais rien
n'empêche que Caton n'ait donné cette derniere méthode,
qui eſt encore d'uſage dans quelques pays, quoique celle
de Pline ſoit plus générale.

(2) Ceux qui ont diviſé Caton par Chapitres, auroient
bien dû faire commencer ici un autre Chapitre.

(3) Pline 16, 39 ſemble n'appliquer ce précepte qu'au

de le couper ou de le marquer avant qu'il soit
sec, non plus que lorsqu'il sera gelé ou couvert de
rosée. Ayez soin de sarcler deux fois le bled, pour
en arracher les mauvaises herbes, & de rateler l'a-
voine : on ramassera les branches d'arbres après la
taille, & les sarmens de vigne pour en faire des
cabacs, & l'on destinera au feu les seps de vigne,
ainsi que le bois de figuier; pour les autres troncs
d'arbres, il faudra les arranger en tas, & les réserver pour le Propriétaire.

CHAPITRE XXXVIII. (1)

FAITES un four à chaux de dix pieds de largeur, sur vingt de profondeur, en observant d'en

---

bois noir, *caveto nigram materiam doles*, fait-il dire à
Caton, mais il y a tout lieu de croire que *nigram* a été
mis par corruption au lieu de *ne quam*, à cause de la ressemblance de l'écriture.

(1) Il n'est pas probable que Caton ait rédigé son Livre
comme il nous est parvenu, on ne peut soupçonner ce grand
homme d'y avoir mis aussi peu d'ordre qu'il y en a, sans
insulter à sa mémoire. Je croirois donc volontiers que tout
ce que nous y trouvons, étoient autant de préceptes déta-
chés, que les Copistes auront recueillis sous tel ordre qu'ils
auront jugé à propos, & la confusion qu'ils y ont mise se
sera perpétuée jusqu'à nos jours; & comment ne se seroit-
elle pas perpétuée? Aujourd'hui même, quelqu'un oseroit-il
donner cet Ouvrage sous un autre ordre? c'étoit notre pre-

diminuer insensiblement la largeur depuis le fond, jusqu'à ce qu'il n'ait plus que trois pieds par en haut. Si votre projet est de ne donner qu'une seule ouverture à votre four, faites-y une fosse en-dedans, qui ait assez de capacité pour contenir la cendre, afin qu'on ne soit pas obligé de la retirer par-dehors; qu'il soit d'une bonne construction, & que tout l'intérieur en soit bien consolidé. Si vous lui donnez deux ouvertures, il sera inutile d'y faire une fosse en-dedans, parce que, lorsqu'on sera dans le cas d'ôter la cendre, on pourra le faire par l'une des ouvertures, pendant que le feu sera allumé dans l'autre. Prenez garde que le feu ne soit interrompu, faites ensorte au contraire qu'il soit toujours bien entretenu, & qu'il ne s'éteigne ni pendant la nuit, ni en tel temps que ce soit; faites-y cuire de bonne pierre calcaire, la plus blanche & la moins marquetée sera la meilleure; vous aurez soin, en creusant la place destinée à faire ce four, de diriger l'ouverture de façon qu'elle aille en s'élargissant jusqu'en bas. Quand

---

mier dessein en entreprenant cette traduction, mais pour quelques personnes qui l'auroient lû avec plus de plaisir, que de critiques qui auroient crié contre nous ! faute de la hardiesse dont nous ne nous sommes pas trouvés capables, nous nous contenterons d'indiquer les Chapitres les plus déplacés; nous nous hasarderons même quelquefois à leur assigner une place plus convenable. Celui-ci, par exemple, ne choqueroit point comme il fait, s'il se trouvoit après le Chapitre XVI.

vous aurez achevé la fouille, vous difpoferez la fournaife dans l'endroit le plus bas & le plus abrité du vent. Si votre four n'eft pas affez profond, couronnez-le par en haut de briques, que vous y ferez fécher par ce moyen, ou bien rehauffez-le en-dehors avec du ciment & du mortier de terre. Si, lorfque vous aurez mis le feu par-deffous, la flamme vient à s'échapper par un autre endroit, que par le haut de l'ouverture, ayez foin de boucher cette crevaffe avec du mortier de terre; prenez garde que le vent, & furtout celui du Sud, ne donne fur l'ouverture. Voici à quoi vous connoîtrez que la chaux fera cuite : il faudra que les pierres d'en haut aient l'apparence d'être cuites, que celles d'en bas fe détachent & tombent, & que la flamme en fortant foit accompagnée de peu de fumée. Si vous ne trouvez pas à vendre votre bois & vos bourrées, & que vous n'ayez pas de pierres calcaires, dont vous puiffiez faire de la chaux, employez votre bois à faire du charbon, & brûlez dans les terres labourées ce qui vous reftera de bourrées & de farmens, après en avoir pris ce qui fera néceffaire pour votre ufage, vous femerez enfuite du pavot dans les terres où vous les aurez brûlés.

CHAPITRE XXXIX.

QUAND le temps sera mauvais, & que l'on ne pourra pas travailler au-dehors, il faudra porter les ordures au tas de fumier, bien nettoyer les étables à bœufs & à brebis, ainsi que la basse-cour & toute la Métairie, & cercler les futailles avec du plomb ou avec du bois de chêne bien sec. Vous pourrez vous servir de toutes sortes de futailles, en tel état quelles soient, pour y mettre votre vin, pourvu que préalablement vous les ayez bien raccommodées & bien cerclées, que vous en ayez bouché exactement les fentes, & que vous les ayez bien enduites de poix. Voici comme il faudra faire le lut, avec lequel on bouchera les fentes des futailles. On prendra une livre de cire, autant de résine, & deux fois moins de souffre, que l'on mettra dans un vase propre, on y ajoutera du Gypse pulvérisé, & on réduira cette composition à un degré d'épaisseur suffisant, pour former une espéce de lut, qu'on emploiera à raccommoder les futailles. Après qu'elles auront été raccommodées de cette maniere, on mêlera ensemble deux tiers de craie brute & un tiers de chaux, pour en faire de petites briques, que l'on fera cuire au four; lorsqu'elles seront cuites, on les broiera, & l'on s'en servira pour donner aux futailles une couleur

uniforme. Cherchez tout ce qu'il pourra y avoir
à faire dans la Métairie pendant la pluie ; plutôt
que d'être à ne rien faire, curez les réservoirs ;
songez que lorsqu'on ne fait rien, la dépense n'en
va pas moins.

CHAPITRE XL.

Voici les opérations du Printemps. Il faudra
faire des tranchées & des fossés dans les pépinieres, labourer les terreins destinés à former des
plans de vignes, & provigner les vignes, planter
des ormes, des figuiers, des arbres fruitiers & des
oliviers dans les terreins gras & humides. Il ne
faut enter les figuiers, les oliviers, les pommiers,
les poiriers & les vignes, que lorsqu'il n'y a pas de
lune, & toujours l'après-midi, pourvu que le vent
du Sud ne souffle pas : voici la maniere d'enter les
oliviers, les pommiers, les poiriers & les figuiers.
Vous couperez la branche que vous voudrez greffer, & vous l'inclinerez un tant soit peu, pour en
faire écouler l'eau : prenez garde en la coupant de
déchirer l'écorce. Vous vous pourvoirez d'un petit bâton de résistance, que vous aiguiserez par le
bout, & d'une verge de franc-osier fendue en deux,
vous prendrez aussi de l'argile ou de la craie avec
un peu de sable & de bouze de vaches, que vous
pétrirez bien ensemble, jusqu'à ce que cela soit le

plus gluant que faire se pourra. Employez alors la verge d'osier qui sera fendue, à garotter la branche que vous aurez coupée à l'effet de la greffer, pour obvier à ce que l'écorce de celle-ci ne se déchire dans l'opération. Quand cela sera fait, vous insérerez jusqu'à la profondeur de deux pointes de doigts, le petit bâton sec qui sera aiguisé par le bout, entre l'écorce & le bois de la branche que vous voulez greffer; ensuite vous prendrez une branche de tel arbre que vous voudrez enter, vous l'aiguiserez en bec de flûte sur une longueur de deux pointes de doigts, après quoi vous retirerez le bâton sec que vous aviez inséré dans la branche à greffer, & vous lui substituerez la branche que vous voulez enter, de façon que l'écorce de cette branche soit tournée du côté de celle de la branche greffée, & vous l'enfoncerez jusqu'à l'endroit d'où vous avez commencé à l'aiguiser, & ainsi de même pour une seconde, une troisiéme & une quatriéme greffe, & pour autant de greffes que vous voudrez vous procurer d'especes de fruit. Vous lierez de nouveau la branche greffée avec votre osier, vous l'enduirez avec le lut que vous aurez paitri, jusqu'à une épaisseur de trois bons doigts, & vous la recouvrirez en outre avec une feuille de bourrache (1), le tout afin que l'eau

---

(1) Quoique Pline, en citant ce passage, dise positivement 17, 14 que *lingua bubula* est une espece de plante, il y a des Commentateurs qui ont prétendu que cela devoit

ne pénetre pas jusqu'à l'écorce, s'il vient à pleuvoir. Vous aurez soin de bien attacher cette feuille de bourache sur l'écorce, afin qu'elle ne puisse pas s'échapper, ensuite vous entortillerez l'arbre avec de la paille longue, que vous y attacherez, pour le mettre à l'abri de la gelée.

CHAPITRE XLI.

ON ente la vigne au Printemps, ou quand elle est en fleurs ; mais cette derniere méthode est la meilleure. On ente les poiriers ou les pommiers au Printemps, & pendant cinquante jours durant le solstice, & enfin pendant la vendange (1) : on ente les oliviers & les figuiers au Printemps. Voici comme on s'y prend pour enter la vigne. On coupe le sep que l'on veut greffer, puis on le fend au milieu à travers la moëlle, & on y insere la greffe, après l'avoir aiguisée par le bout, de façon que les moëlles se joignent. Voici un autre fa-

---

s'entendre d'une laniere de cuir de bœuf, & il faut convenir qu'une feuille de bourrache paroît être un préservatif bien foible contre la pluie, mais d'un autre côté, dans quels frais ne jetteroit point la nécessité d'employer des lanieres de cuir pour chaque greffe : cette raison d'économie nous a déterminés à suivre l'interprétation de Pline.

(1) Pline, en citant ce passage 17, 4 fait dire à Caton après le solstice, & après la vendange.

çon : lorſque deux ſeps ſont contigus , on prend deux jeunes branches , une ſur chacun , que l'on aiguiſe obliquement , & que l'on attache enſemble moëlle contre moëlle , de façon que l'écorce de l'une touche à celle de l'autre. Voici encore une troiſiéme façon : on perce de part en part (1) avec une tariere le ſarment que l'on veut enter , on y inſere juſqu'à la moëlle deux brins de vigne telle que l'on veut ſe la procurer , après les avoir coupés obliquement. Il faut faire enſorte que leurs moëlles ſe joignent , & ils doivent être inſérés dans le trou que l'on aura creuſé ſur le ſarment enté , l'un d'un côté l'autre de l'autre. Ayez ſoin que les brins inſérés aient deux pieds de longueur ; vous les abbaiſſerez en terre , vous les reploierez du côté du ſep auquel tient le ſarment que vous aurez greffé , vous fixerez celui-ci à terre par le milieu avec de petits crochets , & vous couvrirez le tout de terre. Dans tous les cas, vous enduirez la branche greffée d'un lut que vous aurez pétri à cette intention , & vous la lierez & la recouvrirez, en ſuivant la méthode preſcrite pour les oliviers.

---

(1) Et obliquement , ajoute Pline 17, 25.

CHAPITRE XLII.

AUTRE façon d'enter les figuiers & les oliviers. Enlevez avec un greffoir de l'écorce, sur l'arbre dont vous voudrez faire un figuier ou un olivier : enlevez pareillement sur l'espece de figuier que vous voudrez vous procurer, un morceau d'écorce muni de son bourgeon. Appliquez ce morceau d'écorce sur l'autre arbre, à l'endroit précisément où vous l'aurez dépouillé, & faites ensorte qu'il s'y adapte parfaitement. Il faut qu'il ait trois doigts & demi (1) de longueur sur trois de largeur, vous enduirez ensuite & recouvrirez le tout comme il est dit ci-dessus.

CHAPITRE XLIII.

LORSQU'UN terrein est aqueux, il faut y creuser des tranchées pour recevoir les eaux, qui aient trois pieds de largeur à l'ouverture, & quatre pieds de profondeur : on ne leur donnera qu'un

______

(1) Pline, en citant ce passage 17, 16, exige quatre doigts entiers de longueur. Caton est exact dans les détails. Des à peu-près suffisent souvent à Pline.

pied & un palme de largeur dans le fond, que l'on aura soin de paver, où si l'on manque de pierres, on y arrangera des perches de saules vertes parallelement entr'elles & croisées les unes sur les autres, ou bien encore des bottes de sarment au défaut de ces perches (1); on fera ensuite des fosses de trois pieds & demi de profondeur sur quatre de largeur, que l'on disposera de façon que l'eau puisse s'écouler de ces fosses dans les tranchées dont nous venons de parler; c'est dans ces fosses que l'on plantera les oliviers. Pour planter les vignes, comme pour les provigner, il faudra

---

(1) Pline, citant ce passage 17, 11, ajoute, comme de Caton, qu'il faut mettre des perches ou du sarment à la hauteur d'un demi-pied, quoique Caton ne s'explique point sur la quantité. Mais il y a une différence bien plus essentielle à remarquer. Il suppose que les tranchées, telles que les prescrit ici Caton, sont celles même où l'on plante les oliviers, & par conséquent dans son système les pierres, les perches ou le sarment, dont elles sont garnies par le fond, serviroient à retenir l'eau, apparemment pour rafraîchir le pied de ces arbres dans les temps secs. Ce qui est absolument contraire à ce que veut notre Auteur, puisqu'il met une différence entre ces tranchées voisines des fosses où l'on plante les oliviers, & les fosses elles-mêmes. Il donne aux unes & aux autres des dimensions différentes, & déclare positivement que la destination de ces tranchées est de recevoir l'eau qui écoulera des fosses, méthode d'autant plus sage, qu'il est question ici d'un lieu aqueux, dans lequel par conséquent les arbres sont plutôt exposés à pourrir par trop d'humidité, qu'à avoir besoin d'avoir le pied rafraîchi à cause de la trop grande sécheresse.

auſſi faire des foſſes , qui n'aient pas moins de deux pieds & demi en quarré. Si l'on veut que les vignes & les oliviers, que l'on aura plantés, croiſſent promptement, il faudra bêcher une fois par mois les tranchées dont nous avons parlé, ainſi que le pied des oliviers, & cela juſqu'à ce que ces plantes aient atteint l'âge de trois ans. Cette méthode ſera également employée pour les autres arbres.

CHAPITRE XLIV.

IL faut commencer à tailler les plans d'oliviers quinze jours avant l'équinoxe du printemps , & l'on pourra continuer à les tailler juſqu'à quarante cinq jours (1) par-delà. Voici la méthode qu'il faudra ſuivre en les taillant. Si le terrein où ils ſe trouvent eſt très-fertile, on ſe contentera de retrancher les branches deſſéchées, & celles que les coups de vent auront briſées : & au contraire plus le terrein ſera ingrat, plus il faudra retrancher de branches & donner de façons aux arbres, plus il faudra s'appliquer à les élaguer pour décharger les tiges.

____

(1) Pline 17, 18 réduit ce temps à quarante jours.

CHAPITRE XLV.

En coupant les boutures d'oliviers que l'on voudra planter dans les fosses, l'on aura soin de leur donner trois pieds de longueur, & on apportera la plus grande précaution pour ne pas endommager leur écorce, soit en les façonnant, soit en les coupant; pour celles que l'on destinera à mettre en pépiniere, il suffira qu'elles aient un pied de long. Voici comme on plantera ces dernieres : on retournera avec une hoüe la terre dans laquelle on voudra les mettre, jusqu'à ce qu'elle soit bien ameüblie & bien unie; lorsqu'on y enfoncera la bouture, il faudra la pousser avec le pied pour la faire entrer : si elle a de la peine à entrer, on la cognera avec un petit maillet ou avec un manche de hoüe, en prenant garde de briser l'écorce; mais on se gardera de faire un trou dans la terre avec un plantoir, pour lui faciliter le passage (1) :

---

(1) Cette opération resserreroit les pores de la terre, & la bouture y étant moins intimement unie, que lorsqu'elle est entrée avec difficulté, elle en tireroit moins de sucs. Cette raison Physique nous a fait préférer la leçon *ne feceris* à la leçon *si feceris* qui veut précisément le contraire. C'est cependant cette derniere que Pline a adoptée 17, 18, mais nous osons assurer qu'elle est opposée non-seulement à la bonne Physique, mais encore à l'intention de Caton, puis-

si en la plantant, on a soin de la mettre en terre
par le bout qui tenoit à l'arbre, elle n'en profitera
que mieux. Ce n'est que lorsque les boutures d'o-
liviers ont trois ans, & que leur écorce commence
à prendre une nouvelle couleur, qu'il faut les
transporter. Quand on met des boutures soit dans
des fosses, soit dans des tranchées, il faut toujours
en mettre trois à la fois dans la même fosse, &
les écarter l'une de l'autre, de façon qu'elles ne
sortent point de terre à plus de quatre travers de
doigts, & qu'il y ait cependant un bouton formé,
ou l'espérance d'un bouton hors de terre.

CHAPITRE XLVI.

COMMENT il faut s'y prendre pour former une
pépiniere d'oliviers. Vous prendrez le terrein le
meilleur, le plus découvert & le mieux fumé que
vous aurez : il faudra qu'il ressemble le plus que
faire se pourra en qualité, à celui auquel vous des-
tinerez les sujets, & qu'il n'y ait pas une trop
grande distance de l'un à l'autre, pour éviter la

---

que, si cet Auteur eût voulu que l'on fit un trou, la chose
étoit toute simple, & il se seroit épargné d'ordonner qu'on
la poussât avec le pied ; que dis-je ? qu'on l'enfonçât à coups
de mailler. J'ose faire, dira-t-on, le procès au plus grand
Naturaliste : oui, mais c'est pour défendre le premier Agriculteur, & son maître.

Tome I.   F

difficulté du transport. Vous retournerez ce terrein à la hoüe, vous l'épierrerez & le fermerez bien de haies tout-au-tour, ensuite lorsque vous planterez vos boutures, vous aurez soin de les alligner en les espaçant en tout sens d'un pied & demi ; vous les pousserez avec le pied pour les faire entrer, & si vous ne pouvez pas en venir à bout, vous les enfoncerez à coups de maillet ou de manche de hoüe (1); ayez soin qu'elles sortent de terre à la hauteur d'un doigt, & couvrez-les par le bout avec de la bouze de vaches, puis vous mettrez un signal auprès de chacune (2), & vous les sarclerez souvent, si vous voulez qu'elles croissent promptement. Vous suivrez la même méthode pour les semences qui se font autrement que par boutures.

CHAPITRE XLVII.

EXCEPTEZ-EN néanmoins les œilletons de roseaux, que l'on plante à trois pieds de distance les

---

(1) Non-seulement il n'est point question ici de préparer le trou, mais ce n'est plus un petit maillet qu'il faut choisir, tel maillet qui se présentera sous la main sera bon, pourvu qu'il ait assez de force pour vaincre l'obstacle, ce qui confirme la Note du Chapitre précédent.

(2) L'objet de ce signal est de les mettre à l'abri de la

uns des autres. Pour les plans de vignes, c'est absolument la même méthode. Lorsque la vigne est
sur deux ans, on la rogne ; lorsqu'elle en a trois,
on la retire du plan pour la porter en pleine terre ;
il faut empêcher que les bestiaux ne la broutent
(1). Avant d'être retiré du plan, il faut qu'un sep
ait été taillé par trois fois, pour être en état d'être
marié à un arbre, & on ne doit l'y employer que
lorsqu'il a cinq nœuds, sans compter ceux de l'année. Il faut semer toutes les années des poireaux
dans les plans de vigne, si l'on veut en tirer par
an quelque profit.

CHAPITRE XLVIII.

ON s'y prend pour former une pépiniere d'arbres fruitiers, de la même maniere que pour celle
d'oliviers, & l'on pique en terre de toutes les especes de boutures, dont on veut avoir des arbres.
Avant de semer la graine de Cyprès, qui se seme
au commencement du printemps, vous retourne-

mal-adresse ou de l'inattention des Sarcleurs, ainsi que l'explique Columelle 5, 9.

(1) Nous lisons *ne pecus pascatur* au lieu de *si pecus pas-
cetur* qui se trouve dans le texte, & qui ne présente aucun
sens de l'aveu même de Gesner : quelle singularité dans les
Commentateurs, de corriger des endroits intelligibles &
d'en laisser qui sont vuides de sens ?

rez la terre à la hoüe, & vous ferez des planches
de cinq pieds de largeur, sur lesquelles vous étendrez du fumier bien menu, après quoi vous les
sarclerez & en briserez les mottes. Il faudra que
ces planches soient plattes, mais néanmoins un
tant soit peu concaves dans le milieu. Quand cela
sera fait, vous semerez votre graine de Cyprès
aussi drue qu'on seme celle de lin, & vous crible-
rez de la terre par-dessus de l'épaisseur d'un travers de doigt. Vous applanirez cette terre avec
une planche (1) ou avec vos pieds, après quoi vous
enfoncerez en terre autour des planches des fourches, sur lesquelles vous poserez des perches, &
vous étendrez sur ces perches du sarment ou des
claies de bois de figuier, qui serviront à garantir
vos graines de la rigueur du froid & de l'ardeur
du soleil; il faudra qu'elles soient à une hauteur
suffisante, pour qu'un homme puisse marcher li-
brement dessous. Vous arracherez souvent les mauvaises herbes, & cela dès qu'elles commenceront
à lever, car si vous attendiez à les arracher qu'elles
fussent déja fortes, vous risqueriez d'arracher en
même-temps vos cyprès. Il faudra semer & couvrir de la même façon les pepins de poires & de
pommes, ainsi que les pignons, comme étant de
la même classe.

---

(1) Les jardiniers se servent pour cela de planches qu'ils
attachent à leurs pieds.

CHAPITRE XLIX.

SI vous voulez transplanter un vieux sep de vigne, (ce que vous pourrez faire, pourvu qu'il ne
soit pas plus gros que le bras,) vous commencerez par le tailler sans lui laisser plus de deux bour-
geons; ensuite vous le déterrerez bien jusqu'aux
plus petites racines, en prenant garde de les endommager : pour lors vous le déposerez dans une
fosse ou dans une tranchée, dans la même situation où il étoit auparavant respectivement au soleil (1), & vous le couvrirez avec de la terre que
vous piétrez bien. Il faut échalasser, lier & diriger ce sep de la même façon qu'il l'étoit auparavant, & le bêcher souvent.

CHAPITRE L.

FUMEZ vos prairies basses au commencement du
Printemps lorsqu'il n'y aura pas de lune, & les
prairies seches lorsque le vent d'ouest aura com-

---

(1) Nous croyons pouvoir donner ce sens aux paroles de
Caton *ita uti fuerit*, parceque cette pratique est fondée en
raison, & adoptée par tous les bons Auteurs. Cependant Pline 17, 15 n'en fait pas de cas, & va même jusqu'à assurer que
Caton n'en a fait aucune mention dans son Ouvrage.

mencé à souffler. Quand il sera temps d'interdire l'entrée de vos prés aux bestiaux , vous les nettoierez aussi en même-temps, & vous en arracherez toutes les mauvaises herbes jusqu'aux racines. En taillant la vigne , ayez l'attention d'en mettre les bois & les sarmens en tas. Lorsque vous élaguerez les figuiers qui seront dans un plan de vigne , vous aurez soin de les tenir assez bas , pour qu'ils ne surmontent pas les seps. Vous ferez de nouvelles pépinieres , & vous remettrez les anciennes en bon état ; toutes ces opérations doivent être achevées avant de vous mettre à labourer la vigne. Sitôt que le sacrifice (1) qu'on a coutume d'offrir à Jupiter au retour du Printemps, sera achevé, & que les offrandes en auront été consommées , vous commencerez les labours du Printemps par les terreins les plus secs, & vous finirez par les plus gras & les plus humides, sans cependant leur laisser le temps de s'endurcir.

CHAPITRE LI.

MANIERE de propager des arbres fruitiers & autres. Il faudra replier en terre les scions qui sortent à leurs pieds , & en relever l'extrémité

---

(1) La description de ce sacrifice se trouve dans le Chapitre CXXXII.

hors de terre, afin qu'ils prennent racine ; enfuite
il faudra les fevrer au bout de deux ans, & les
planter. Le figuier, l'olivier, le grenadier cultivé,
le coignaffier & toutes les autres efpeces d'arbres
fruitiers, le laurier, le mirte, le noyer de Pre-
nefte & le platane peuvent tous être propagés de
cette façon, en féparant du tronc des fcions, pour
les planter enfuite.

CHAPITRE LII.

Si vous voulez propager un arbre avec plus d'attention, vous engagerez dans des pots ou dans des
paniers troués une branche de cet arbre, & vous
la porterez enfuite dans une foffe, fans la retirer
du pot ni du panier. Voici comme on s'y prend
pour faire prendre racine à cette branche fur l'arbre même : on perce par le fond un pot ou un panier, & l'on fait paffer par ce trou la branche à
laquelle on veut faire prendre racine. On remplit le pot ou le panier avec de la terre que l'on
foule bien, & on les laiffe fur l'arbre même. Quand
la branche a pris racine, on la tranche fous le panier, puis on coupe le panier de haut en bas d'un
feul côté, ou fi c'eft un pot on le caffe, après
quoi on porte la branche dans une foffe fans la
retirer du panier, ni du pot (1). Il en eft de même

____

(1) On la porte avec le pot ou le panier de peur de l'en-

de la vigne; on en coupe les marcottes au bout d'un an, pour les planter avec le panier. On peut se servir de cette méthode pour tel arbre que ce soit.

CHAPITRE LIII.

COUPEZ le foin dès qu'il en sera temps, & gardez-vous de trop tarder à le faire. Coupez-le avant que la graine en soit mûre, & mettez à part le meilleur, que vous donnerez aux bœufs pendant le Printemps lorsque vous les occuperez aux labours, en attendant que la dragée soit levée.

CHAPITRE LIV.

VOICI la façon de préparer la pâture des bœufs, & de la leur administrer. Dès que les semailles seront achevées, il faudra ramasser le gland, & l'apprêter en le mettant tremper dans l'eau; on en donnera un demi *modius* par jour à chaque bœuf, ou bien un *modius* du marc que l'on aura eu soin de garder dans des futailles, à moins qu'ils

---

dommager dans le transport, mais on a soin de casser le pot ou de couper le panier, afin que les racines ne trouvent point d'obstacles, lorsqu'elles voudront s'étendre.

n'ayent rien à faire , auquel cas il vaudroit mieux les mener paître. On les menera paître de jour, & on leur donnera pour la nuit vingt-cinq livres de foin à chacun, ou à défaut de foin, des feuilles d'Yeuſe & de lierre. Il faut garder pour le beſoin la paille de bled, d'orge & de fèves, la veſce, la paille de lupins & celle de toutes les autres productions de ce genre. On choiſira celle de ces pailles qui auront le plus de fanage, pour les conſerver à la maiſon, & on les ſaupoudrera de ſel, pour les leur donner en guiſe de foin. Quand on commencera à leur en donner au Printemps, on leur donnera alors un *modius* de gland ou de marc, ou la même quantité de lupins détrempés, avec quinze livres de foin. Dès que la dragée ſera venue, on leur en donnera préférablement à tout ; il faudra la cueillir avec la main ſi l'on veut qu'elle repouſſe, car ſi on la fauche, elle ne reviendra pas. On leur en donnera juſqu'à ce qu'elle ſe ſeche, après quoi on ſe réglera de façon à leur donner d'abord de la veſce, enſuite du panis, & après le panis des feuilles d'ormes. Si l'on a des feuilles de peupliers, on pourra les entremêler avec celles d'ormes, pour n'être pas à court de celles-ci. Au défaut des feuilles d'ormes, on leur donnera des feuilles de chênes ou de figuier : il n'y a rien de plus intéreſſant que d'avoir bien ſoin des bœufs. Il ne faut les mener paître que pendant l'hiver, lorſqu'ils ne labourent point, parce que quand ils ont une fois tâté du verd, ils s'attendent toujours à en trouver ; auſſi faut-il leur mettre des muſelières (1) lorſqu'ils labourent, afin qu'ils ne ſe dérangent pas pour courir après l'herbe.

CHAPITRE LV.

IL faut ſerrer le bois ſur un plancher pour le Propriétaire, & laiſſer en plein air les troncs d'oliviers, & les racines arrangées en tas.

CHAPITRE LVI.

NOURRITURE des gens. On donnera à ceux qui travailleront quatre *modii* de bled pendant l'hiver, & quatre & demi pendant l'Eté ; au Métayer, à la Métayere, à l'Agent (1) & au bouvier, trois *modii* ; aux eſclaves qui ſont dans les

____

(1) Notre Auteur les appelle *fiſcella*, parce que c'étoient des paniers de joncs qui leur bridoient la tête.

(1) L'*Epiſtata* étoit une eſpece d'adjoint au Métayer dans les opérations de la régie. L'attention que les Romains avoient pour les bœufs reſſuoit ſur les bouviers, de ſorte qu'ils étoient dans une claſſe ſupérieure à celle des autres valets ; ils marchoient d'un pas égal avec le Métayer & ſa femme.

fers quatre livres de pain pendant l'Hiver, &
cinq livres dès qu'ils commenceront à labourer
la vigne, & cela jusqu'à ce que les figues commencent à donner, car pour lors on les réduira
à quatre livres.

CHAPITRE LVII.

Vin pour les gens. Après la vendange ils boiront
de la piquette pendant trois mois ; le quatrieme
mois on leur donnera une hémine de vin par
jour, c'est-à-dire, deux conges & demi par
mois ; le cinquiéme, sixiéme, septiéme & hui-
tiéme mois, un *sextarius* par jour, c'est-à-dire,
cinq conges par mois ; le neuviéme, dixiéme,
onziéme & douziéme mois, trois *hémines* par jour,
c'est-à-dire, l'amphore pour le mois ; on leur donnera de surplus un conge par tête pour les Sa-
turnales (1) & les Compitales. Le total sera de
huit *quadrantals* (2) par an pour chaque personne ; il faut ajouter à cette dépense ce que l'on
pourra en donner aux esclaves qui seront dans

---

(1) C'étoient des fêtes, que les Esclaves célébroient dans
les campagnes vers la mi-Décembre, la solemnité duroit
trois jours. Nous avons déja parlé des Compitales. Voyez la
Note 1. du Chapitre V.

(2) Ce calcul n'est pas rigoureusement exact. Voyez les
mots QUADRANTAL & AMPHORA à la Table des poids, mesures & monnoies, à la fin de l'Ouvrage.

les fers, au prorata de l'ouvrage qu'ils feront ; il ne sera pas exorbitant de compter sur un *quadrantal* de vin par an pour ces derniers.

CHAPITRE LVIII.

BONNE chere des gens. Vous garderez le plus que vous pourrez d'olives tombées, & même de celles qui auront été cueillies à temps quand vous ne pourrez pas vous promettre d'en tirer beaucoup d'huile, vous leur en donnerez, mais avec épargne, afin que la provision en dure le plus long-temps que faire se pourra. Lorsqu'elle sera épuisée, vous leur donnerez de la saumure (1) avec du vinaigre. Il leur faudra à chacun un *sextarius* d'huile par mois ; mais il suffira d'un *modius* de sel par an pour chacun.

(1) *Halec* que nous rendons par *saumure*, étoit la lie d'une liqueur fort délicate, que les anciens faisoient avec les intestins d'un poisson qui nous est inconnu, & qu'ils nommoient *Garon* ou *Garus*, Pline 31, 8. Ils faisoient aussi de l'*halec* avec de petits poissons de vil prix, tels que les anchois, *ibid.* & les pauvres gens trempoient leur pain dans cette espece de *saumure*, qu'on peut regarder comme de la gelée de poisson.

CHAPITRE LIX.

Entretien des gens. Vous leur donnerez tous les deux ans une tunique sans manches de trois pieds & demi, avec des sayes, & en leur donnant l'un & l'autre habillement, vous aurez soin de reprendre ceux qu'ils quitteront, pour en faire des casaques. Il faut aussi leur donner tous les deux ans de bons sabots garnis de clouds de fer.

CHAPITRE LX.

Il faut compter pour la nourriture de chaque paire de bœufs, sur cent vingt *modii* de lupins par an, ou sur le double de gland; cinq cens quatre-vingt livres de foin & autant de dragée; vingt *modii* de fèves & trente de vesce. C'est pourquoi il faudra avoir l'attention de semer une assez grande quantité de vesce, pour en avoir suffisamment à laisser monter en graine (1); quand on semera du fourage, il faudra le semer à plusieurs reprises.

---

(1) Cette attention est nécessaire, par ce qu'il en falloit sacrifier aux bestiaux une certaine quantité en herbe : c'est pour la même raison qu'il ordonne ensuite de semer le fourage à diverses reprises, afin qu'ils en trouvent toujours du verd.

CHAPITRE LXI.

(1) QUEL est le premier principe de la bonne culture? c'est de bien labourer. Quel est le second? c'est de labourer encore, & le troisieme de fumer: si c'est un champ de bled que vous ayez à labourer, labourez-le bien & à temps, & non pas lorsqu'il ne sera que superficiellement détrempé. En labourant très-souvent & à fond un plan d'oliviers, on est sûr de parvenir à arracher les plus petites racines, au lieu que si on le laboure mal, ces racines s'éleveront hors de terre & grossiront, & il arrivera que les forces de l'olivier se consommeront à nourrir des racines inutiles. Le reste de la culture d'un pareil plan, consiste à beaucoup planter, à enlever soigneusement les sujets, & à les transporter à temps avec leur motte & le plus de racines que faire se peut; enfin à bien plomber la terre sur les racines, de peur que l'eau ne les fasse pourrir. Si vous me demandez en quel temps il faut planter les oliviers, je vous répondrai que c'est dans le temps des semailles lorsque

---

(1) Il me semble que Pline a ôté toute l'élégance & la force de ce passage 18, 19, en obmettant la répétition de *labourer*. Quel est, dit-il, le point le plus important, c'est de bien cultiver un fond? quel est le second, c'est de le labourer? quel est le troisieme, c'est de le fumer.

vous les plantez dans un terrein ſec, & pendant le Printemps lorſque vous les plantez dans un terrein gras & fumé.

CHAPITRE LXII.

IL faut avoir autant de charettes que de paires de bœufs, de mulets ou d'ânes.

CHAPITRE LXIII.

IL faut qu'un cable de preſſoir [ɣ] ait cinquante-cinq pieds de long; la corde de cuir pour la charette doit avoir ſoixante pieds ; les guides de cuir, vingt-ſix pieds; les courroyes pour attacher les bœufs au timon de la charette, dix-huit pieds; la petite corde, quinze pieds; les courroyes pour les attacher au timon de la charrue, ſeize pieds; & la petite corde, huit pieds (1).

----

(1) J'aurois encore aimé à ſupprimer ce Chapitre, qui eſt répété mot pour mot dans le CXXXV, avec cette différence que les courroyes pour attacher les bœufs au timon de la charette y portent un pied de plus qu'ici , & que ceux deſtinés à les attacher au timon de la charrue y en portent au contraire quatre de moins : comment décider dans lequel des deux Chapitres l'erreur s'eſt gliſſée?

CHAPITRE LXIV.

DÈS que l'olive fera mûre, il faudra la récolter le plutôt que l'on pourra, & ne la laiffer féjourner que le moins de temps poffible fur la terre & fur le plancher, parce qu'elle s'y corromproit ; ceux qui la ramaffent (1) voudroient toujours qu'il y en eût une grande quantité par terre, afin d'être plus employés, comme les preffureurs voudroient qu'elle eût féjourné longtemps fur le plancher, parce qu'elle s'y amollit, & qu'ils ont enfuite moins de peine à en exprimer l'huile. Ne donnez pas dans l'opinion que l'huile puiffe augmenter en quantité, quand on laiffe long-temps l'olive fur le plancher : plutôt on fait l'huile, plus on y gagne tant fur la quantité que fur la qualité, & foyez sûr que ce gain eft en raifon de la célérité dont on ufe : car il eft certain que l'olive qui a féjourné long-temps fur la terre ou fur un plancher, eft celle qui rend le moins d'huile, outre que la qualité en eft la plus mauvaife. Survaidez l'huile deux fois par jour fi vous pouvez,

---

(1) On voit (dans le Chapitre XLIV) qu'ils étoient différens de ceux qui la cueilloient à la main : effectivement les femmes & les enfans pouvoient être employés à la ramaffer, mais non pas à la cueillir.

car

car plus elle reste de temps sur sa lie & sur son marc (1), moins bonne elle est.

CHAPITRE LXV.

Maniere de faire l'huile verte. On enleve l'olive de terre le plutôt que l'on peut : si elle n'est pas propre on la lave, & on la purge des feuilles qui y sont inhérentes & de toute immondice : on fait l'huile le lendemain ou trois jours après qu'elle a été ramassée. C'est quand l'olive sera noircie sur l'arbre, qu'il faudra la cueillir à la main. Plus elle sera acerbe, plus l'huile qu'elle rendra sera de bonne qualité; il est vrai que le propriétaire gagnera plus sur la quantité à ne faire de l'huile qu'avec des olives bien mûres : s'il gèle dans le temps de la cueillette, il ne faut faire l'huile qu'au bout de trois ou quatre jours. On peut alors saupoudrer l'olive de sel, si on le juge à propos. Il faut entretenir le plus haut degré de chaleur dans le pressoir & dans le cellier.

______

(1) *Fraces*, à proprement parler, s'entend de la chair des olives pressurées, y compris le noyau; c'est ce qui produisoit le marc des olives. *Fraces sunt carnes & inde faces*, dit Pline 17, 6.

CHAPITRE LXVI.

FONCTIONS du gardien du preſſoir, & de celui qui ſurvuide l'huile. Le premier gardera avec ſoin le cellier & le preſſoir, & il n'y laiſſera entrer que le moins que faire ſe pourra. Pour que l'huile ſoit faite très-proprement & ſans mélange, il ne ſe ſervira point de vaiſſeaux de cuivre, & prendra garde que le jus des noyaux caſſés de l'olive ne ſe confonde avec l'huile (1), car autrement elle contracteroit un mauvais goût. Il faut que le baſſin, dans lequel l'huile ſe rend à la ſortie du preſſoir (2), ſoit revêtu intérieurement de plomb. A meſure que les preſſureurs donneront un tour de levier, le ſurvuideur puiſera ſur le champ l'huile avec la coquille, le plus diligemment qu'il

---

(1) C'eſt pour cela que Columelle 12, 50, recommande l'uſage des meules, qui ſont faciles à élever ou à abaiſſer ſuivant l'épaiſſeur des olives, pour éviter d'en briſer les noyaux.

(2) On peut encore entendre ce *lacus* d'un fourneau, ou plutôt d'un réſervoir d'eau chaude ſervant de bai-mari, ſur lequel on mettroit la chaudiere, *cortina plumbea*, dans laquelle l'huile acquéreroit la fluidité que la chaleur lui procureroit, *quò oleum fluat*. Le Pere Hardouin explique ce *cortina* par *chaudiere*, & adopte par conſéquent ce ſecond ſens. Pline 15, 6, Note 15.

pourra & sans discontinuer, en prenant bien garde
de ramasser la lie. On mettra d'abord l'huile dans
une premiere cuve, d'où on la survuidera à diverses reprises dans d'autres futailles (3), en jet-
tant à chaque fois le marc & la lie de chacun des
vaisseaux par lesquels elle aura passé. Dès que le
bassin du pressoir sera vuide, on le nettoyera soigneusement.

CHAPITRE LXVII.

CEux qui seront dans le pressoir auront soin
d'en tenir les instrumens bien nets, & veilleront
à ce que les olives soient exactement pressurées,
jusqu'à ce qu'elles ne puissent plus rendre une
seule goutte d'huile. Ils ne couperont point de
bois dans le pressoir (1) : ils transvaseront souvent

---

(3) Quoique Caton ne parle que d'une futaille, nous en
admettons plusieurs, pour qu'il soit d'accord avec ce qu'il
dit lui-même au Chapitre suivant, & avec Columelle 12,
50, qui exige qu'on survuide l'huile dans trente vaisseaux
différens.

(1) Pline 15, 6 nous en apprend la raison ; c'est de peur
que l'air ne soit trop agité dans le pressoir, ce qui seroit
contraire à la confection de l'huile, qui demande beaucoup
de chaleur. C'est par la même raison que notre Auteur a
défendu dans le Chapitre précédent d'y laisser trop entrer,
de peur que l'air n'y pénétrât par l'ouverture de la porte.
Aussi Columelle 12, 50, veut-il que l'on se pourvoie

l'huile. Le gardien donnera aux preſſureurs à chaque preſſurée qu'ils auront complettée, un *ſextarius* d'huile, & fournira en outre ce qu'il en faudra pour la lampe. Il jettera tous les jours le marc, & ſéparera la lie de l'huile à chaque fois qu'il la ſurvuidera, & cela juſqu'à ce que l'huile ſoit placée à demeure dans la cuve du cellier. Il eſſuiera les cabacs avec une éponge. Il changera tous les jours l'huile de cuve, juſqu'à ce qu'on l'ait miſe dans les futailles. Il prendra bien garde que l'on n'en vole dans le cellier ou dans le preſſoir.

CHAPITRE LXVIII.

APRÈS la confection des vins & des huiles, il faudra relever les arbres du preſſoir [D], ſuſpendre dans la ſerre ou bien à l'arbre du preſſoir [D] les cordes à l'uſage du preſſoir, les cables [ɣ] & les cordes de retraite; & remettre en leur place les poulies, les aiguilles [φ], les leviers [αλ], les rouleaux de bois, les cabacs, les paniers grands & petits, les échelles & toutes les barres dont on ſe ſera ſervi (1).

---

d'avance d'une bonne quantité de bois, & Pline veut que l'on brûle les noyaux des olives dans le preſſoir.

(1) Soit pour tenir les portes fermées par dedans, ſoit pour porter les vaſes, &c.

CHAPITRE LXIX.

FAÇON qu'il faut préalablement donner aux futailles neuves, avant de leur confier l'huile. On les remplira de lie d'huile qu'on y laissera pendant sept jours, en observant d'en mettre tous les jours de la nouvelle au prorata du déchet qu'elle aura souffert, après quoi on retirera cette lie, & on fera sécher les futailles; quand elles seront seches, on délaiera dans de l'eau de la gomme, qu'on y aura fait détremper le jour précédent. Ensuite on chauffera les futailles jusqu'à ce qu'elles soient un peu au-dessous du degré de chaleur, qui leur est nécessaire pour être enduites de poix, raison pour laquelle il suffira de les chauffer à un feu clair: lorsqu'elles seront modérément échauffées, on jettera la gomme dedans, & on les en frottera bien. Pour les frotter comme il faut, quatre livres de gomme suffiront par futailles de cinquante *sextarii* de contenance.

CHAPITRE LXX.

REMEDE pour les bœufs. Si vous craignez qu'ils ne tombent malades, prévenez la maladie en leur faisant prendre une composition, dans laquelle il enttera trois grains de sel, trois feuilles de laurier, trois feuilles de poireau, trois gousses d'oignon de Cypre, trois gousses d'ail, trois grains d'encens, trois pieds de saviniere, trois feuilles de rue, trois tiges de coulevrée blanche, trois pieds de jusquiame blanche, trois charbons ardens & trois *sextarii* de vin. Il faudra se tenir debout en triant ces drogues, ainsi qu'en les broyant & en les présentant à l'animal, & de plus être à jeun lorsqu'on les lui présentera. On donnera trois fois de cette potion à chaque bœuf par trois jours consécutifs, & on la partagera de façon qu'elle soit toute prise dans les trois fois; faites ensorte que l'animal en la prenant, se tienne sur ses jambes, ainsi que celui qui la lui présentera. Il faudra la lui présenter dans un vaisseau de bois (1).

---

(1) J'imagine qu'il ne faut pas chercher ici ni dans les Chapitres suivans, les raisons sur lesquelles sont fondées toutes ces recettes magiques, plus que dans le Chapitre CLX, où il est question d'un charme pour guérir les membres cassés. Si l'Ecole Vétérinaire, qui fait tant d'honneur à ce siecle, n'avoit puisé qu'ici les instructions qu'elle donne à ses éleves, elle n'auroit surement pas mérité la protection d'un Ministre, que ce seul établissement seroit capable de rendre respectable à la postérité comme à nous, quand il ne le seroit pas déja à mille autres titres.

CHAPITRE LXXI.

SITÔT qu'un bœuf tombera malade, donnez-lui au premier moment de la maladie un œuf de poule crud, & faites-le lui avaler tout entier: le lendemain vous broyerez un pied d'ail de Cypre dans une hémine de vin, que vous lui ferez boire. Il faudra se tenir debout en broyant l'ail, & vous servir d'un vaisseau de bois pour lui présenter cette potion ; il faudra aussi que l'animal soit sur ses jambes en l'avalant, ainsi que celui qui la lui fera prendre, & que tous deux soient à jeun.

CHAPITRE LXXII.

DE peur que les bœufs n'usent la corne de leurs pieds, frottez-la par-dessous avec de la poix liquide, avant de les mettre en marche.

CHAPITRE LXXIII.

TOUTES les années, quand le raisin commencera à tourner, vous donnerez aux bœufs cette médecine-ci pour conforter leur santé. Vous prendrez une peau de serpent (quand vous en trouverez une, ayez soin de la ramasser & de la garder, pour n'être pas à la peine d'en chercher lorsque vous en aurez besoin), vous broyerez cette peau avec de la farine, du sel & du serpolet, & vous leur en ferez prendre à tous dans du vin. Ayez soin qu'ils ne boivent jamais en Eté que de bonne eau, & bien limpide; c'est un objet essentiel, si l'on veut qu'ils se portent bien.

CHAPITRE LXXIV.

Maniere de faire le pain *depsticius* (1). On commence par bien laver ses mains ainsi que le pétrin; on met la farine dans le pétrin, on y répand de l'eau peu à peu, & on la paitrit bien; quand elle est bien paitrie, on donne à la pâte une forme quelconque, & on la fait cuire sous un couvercle de tourtiere.

(1) C'est-à-dire, paitri tout simplement & sans levain; c'est ce que Pline appelle du pain *speusticus* 18, 11, c'est-à-dire, paitri à la hâte, du mot Grec σπεύδω, qui veut dire *se hâter* : c'est comme on voit une espece de galette. Nous n'avons point crû devoir donner de noms François à toutes ces especes de pâtisseries, telle ressemblance qu'elles aient avec les nôtres.

CHAPITRE LXXV.

MANIERE de faire le *Libum* (1). Après avoir bien pilé dans le pétrin deux livres de fromage, on y jette une livre de farine de seigle, que l'on incorpore bien avec le fromage, où bien l'on se contente d'y jetter une demi-livre de fleur de farine de froment, si l'on veut que le gâteau soit plus léger ; on y ajoute un œuf que l'on paitrit encore bien avec le reste. On fait de cette pâte un pain que l'on met sur des feuilles (2), & on le fait cuire tout doucement sous un couvercle de tourtiere, sur un âtre échauffé.

CHAPITRE LXXVI.

MANIERE de faire la *Placenta* (1). On prend d'un côté deux livres de farine de seigle, pour

---

(1) Espece de gâteau. Les Romains donnoient particuliérement ce nom aux gâteaux qu'il offroient à leurs Dieux : il vient du mot *libare* qui s'applique aux *libations* usitées dans les sacrifices.

(2) Il paroît que ces feuilles ne servent qu'à le garantir des cendres & à l'empêcher de brûler, de même qu'on se sert chez nous de papier pour la même fin.

(1) Espece de tarte. Elle tiroit son nom du mot *placare* ou

former l'abaisse sur laquelle on doit mettre les *tracta* (2). On prend d'un autre côté quatre livres de farine de froment & deux livres *d'alica* (3), qui n'ait passé que par la premiere préparation ; on met infuser dans l'eau cet *alica*, & lorsqu'il est bien détrempé, on le met dans un pétrin propre, après l'avoir bien égouté, ensuite on le pai-

---

de celui de *placere*, parce qu'elle servoit à appaiser les Dieux auxquels on l'offroit en sacrifice, ou qu'elle étoit agréable au goût.

(2) Espece de gauffres, ou plutôt de massepains d'une pâte croquante, puisque les Romains s'en servoient pour épaissir les sauces, comme nous nous servons de chapelure de pain. Ils paroissent ainsi nommés du mot *tractare* qui veut dire *manier*, parce qu'il falloit beaucoup paitrir cette pâte pour la rendre légere. On veut que notre *tarte* dérive de ce mot.

(3) L'*alica*, selon Pline 18, 11, étoit une composition faite de grains d'espautre concassés, auxquels on ajoutoit pour les attendrir & pour les blanchir, une espece de craie particuliere qui se trouvoit entre Puteoli (aujourd'hui Pouzoles) & Naples, sur le Mont Leucogée (aujourd'hui La Lumera,) Cette craie étoit si essentielle à la composition de l'*alica*, & l'*alica* si précieux, qu'Auguste fit payer une somme considérable par an sur son trésor aux Napolitains, pour qu'ils en approvisionnassent une colonie qu'il avoit établie à Capoue. Pline assure en effet que cette composition étoit très-saine, & il lui donne la palme sur toutes les especes de ragouts que l'on faisoit avec les grains. Quand les grains d'espautre concassés n'avoient été que dépouillés de leurs enveloppes, comme ici, c'étoit de l'*alica prima*, ensuite on les concassoit de nouveau, & on les faisoit passer par un crible, & ceux qui étoient trop gros pour passer donnoient l'*alica secunda*, les plus rafinés donnoient l'*alica tertia*.

trit à la main. Lorfqu'il eft bien paitri, on y ajoute peu à peu les quatre livres de farine de froment, pour faire les *tracta* avec le tout enfem-
blé; on travaille cette pâte dans une corbeille, &
à mefure qu'elle s'y feche, on façonne proprement chacun de ces *tracta* en particulier. Lorfqu'on leur a donné la forme convenable, on les
frote tout autour avec un morceau d'étoffe trempé dans de l'huile, comme on fait par la fuite à
l'abaiffe de la *placenta*, avant que de les y pofer.
Pendant ce temps on chaufe bien l'âtre & le couvercle de la tourtiere deftinés à la cuiffon. Quand
cela eft fait, on verfe les deux livres de farine
de feigle qu'on a mifes de côté, fur quatorze livres de fromage fait avec du lait de brebis, &
on en fait une pâte légere pour former l'abaiffe
dont nous avons parlé. Il faut que ce fromage
foit bien frais, & qu'il ne tourne point à l'aigre;
on le fera préalablement tremper dans de l'eau,
qu'on aura foin de changer jufqu'à trois fois;
après l'avoir retiré de l'eau, on l'égoutera petit
à petit entre fes mains, & lorfqu'il fera bien
égouté, on le mettra dans un pétrin propre, où
on le laiffera fécher. Lorfqu'il fera parfaitement
fec, vous le paitrirez à la main dans ce pétrin,
jufqu'à ce que vous n'y fentiez plus aucun gru-
meau. Enfuite vous prendrez un tamis à paffer la
farine, qui foit propre, & vous le ferez paffer par
ce tamis dans le pétrin. Après quoi vous y mettrez quatre livres & demie de bon miel, que vous

incorporerez bien avec le fromage, ensuite vous mettrez l'abaisse munie de son bourrelet sur une planche propre d'un pied en quarré, couverte de feuilles de laurier frottées d'huile, & vous façonnerez votre *placenta*. Il faudra commencer par couvrir tout le fond de l'abaisse d'un lit de *tracta*, qu'on posera l'un après l'autre, & qu'on enduira de ce fromage incorporé avec le miel dans le pétrin, puis faire un second lit sur le premier, qu'on enduira de même, & enfin répéter cette opération jusqu'à ce qu'on ait consommé tout le fromage incorporé avec le miel. Enfin vous arrangerez tous vos *tracta* sur l'abaisse, dont vous éleverez suffisamment la bordure, en l'inclinant en dedans pour les retenir, & vous préparerez votre âtre. Dès qu'il commencera à avoir acquis un degré de chaleur modéré (4), mettez-y pour lors votre *placenta*, & après l'avoir recouverte avec le couvercle de tourtiere que vous aurez déja fait chauffer, vous mettrez encore de la braise par-dessus & tout à l'entour. Ayez soin qu'elle cuise bien & lentement, vous la découvrirez deux ou trois fois pour voir à quel degré en sera la cuisson ; lorsqu'elle sera cuite, vous la retirerez & la frot-

---

(4) Nous lisons *igne primo* au lieu de *deve primo*. Ces paroles n'ont en effet aucun sens de l'aveu de tous les interpretes, qui les ont changées en conséquence chacun à leur guise. Le changement que nous avons imaginé nous paroît le plus simple.

terez de miel : cela vous fera une *placenta* d'un *Semodius*.

CHAPITRE LXXVII.

MANIERE de faire une *Spira* (1). Prenez-vous-y comme pour faire la *placenta*, en proportionnant la quantité des ingrédiens à la mesure dont vous la voudrez faire, si ce n'est que vous donnerez une forme différente aux *tracta* que vous mettrez sur l'abaisse. Vous les enduirez bien de miel, après quoi vous les tortillerez comme une corde, & vous les mettrez en cette forme sur l'abaisse, puis vous les recouvrirez de *tracta* de la forme ordinaire, sans laisser aucun vuide entr'eux : faites tout le reste jusqu'à la cuisson inclusivement, comme si vous faisiez une *placenta*.

CHAPITRE LXXVIII.

MANIERE de faire une *Scriblita* (1). On fait les *tracta* que l'on met sur l'abaisse avec du fromage comme pour une *placenta*, mais on n'y met pas de miel.

---

(1) Elle tiroit son nom de la forme tortillée des pieces de pâtisserie, qui entroient dans sa composition.

(1) Elle étoit ainsi nommée à cause des desseins qui

CHAPITRE LXXIX.

MANIERE de faire des *Globi* (1). Mêlez comme ci-dessus du fromage avec de *l'alica*, dont vous ferez autant de *globi* qu'il vous plaira, faites ensuite chauffer de l'huile dans une chaudiere, & mettrez-les y cuire l'un après l'autre ou deux à deux, vous les retournerez continuellement avec deux bâtons, & vous les retirerez quand ils seront cuits : frottez-les ensuite de miel, & égrugez du pavot dessus avant de les servir.

CHAPITRE LXXX.

VOUS ferez l'*Encytum* (1) de la même maniere que ces *globi*, si ce n'est que vous aurez un moule

étoient figurés dessus, du mot *scribillare* qui vouloit dire anciennement *écrire*.

(1) C'étoient des boulettes de pâte, ou plutôt des baigners, ainsi nommés à cause de leur forme ronde : elles approchoient de ce que nous nommons des pets.

(1) Il y en a qui font dériver ce nom du mot Grec εγχυτος, qui signifie *répandre*, parce qu'on le faisoit passer dans l'huile à travers un moule : mais il y a autant de doute sur cette étymologie, que d'obscurité dans cet article.

creux & troué, à travers lequel vous ferez paſſer la pâte dont il eſt compoſé, dans de l'huile chaude : ce moule ſera tel qu'il puiſſe donner à *l'encytum* une forme elégante, comme par exemple, celle de l'ornement que nos femmes appellent *Spira* (2) ; vous le retournerez à différentes repriſes avec deux bâtons. Lorſqu'il ſera tiédi , vous le froterez d'huile , pour lui donner de la couleur, enfin vous le ſervirez avec du miel ou avec du vin mêlé de miel.

CHAPITRE LXXXI.

ON fait l'*Erneum* (1) de la même maniere que la *placenta* , & l'on fait entrer les mêmes ingrédiens dans l'un comme dans l'autre : après les avoir bien mêlés dans une auge de bois , on les met dans une *Hirnea* de terre, que l'on plonge dans une marmite de cuivre pleine d'eau chaude,

---

(2) C'étoit une eſpece de bride avec laquelle elles attachoient leurs bonnets ſous le menton ; mais eſt-ce là le ſens de l'Auteur ? où veut-il qu'on leur donne la forme tortillée de la *ſpira*, dont il a parlé Chapitre LXXVII. C'eſt ce qu'il n'eſt pas aiſé de décider, tant ce Chapitre eſt obſcur.

(1) On l'appelloit ainſi du mot grec ◌◌◌◌ qui veut dire *oiſeau*, parce qu'il en avoit la figure : le vaſe de terre qui ſervoit à ſa cuiſſon, s'apelloit auſſi *hirnea* pour la même raiſon.

dans laquelle on les laiſſe cuire auprès du feu. Quand l'*erneum* eſt cuit, on caſſe l'*hirnea* pour le ſervir.

CHAPITRE LXXXII.

ON fait la *Sphærita* (1) comme on fait la *ſpira*, avec cette différence que l'on fait entrer dans ſa compoſition des pieces de pâtiſſerie ſphériques, de la hauteur du poing, ſans y mettre de fromage ni de miel. On les arrange enſuite ſur une abaiſſe de pâte, auſſi ſerrées les unes contre les autres, que celles qui entrent dans la *ſpira*, & on les cuit de la même façon.

CHAPITRE LXXXIII.

(1) MANIERE de faire un vœu pour la ſanté des bœufs. Offrez pour chaque bœuf à Mars *Silvanus* (2), pendant le jour & dans une forêt, trois

---

(1) Les pieces de pâtiſſerie ſphériques, qui entroient dans ſa compoſition, lui ont donné ce nom.

(1) Il eſt ſingulier que ce Chapitre, qui concerne les ſacrifices, ſe trouve enclavé entre ceux qui traitent de la pâtiſſerie. Sa vraie place ſeroit avant le Chap. CXXXI.

(1) Ce Dieu préſidoit aux poſſeſſions de la campagne, aux

livres

livres de farine de froment Ador, quatre livres
& demie de lard & autant de viande choisie entre les morceaux les plus délicats, avec trois *sextarii* de vin. Vous mettrez le tout dans un vase,
à la réserve du vin que vous mettrez à part dans
un autre vase. Vous en ferez faire un sacrifice
soit par un esclave, soit par un homme libre indifféremment; quand ce sacrifice sera fait, vous
consumerez à l'instant l'offrande sur le lieu même.
Il ne faut pas que les femmes assistent à cette
cérémonie, ni qu'elles voient ce qui s'y passe.
Vous pourrez faire ce vœu toutes les années, si
vous le jugez à propos.

CHAPITRE LXXXIV.

MANIERE de faire le *Savillum* (1). Mêlez ensemble une demi-livre de farine & deux livres
& demie de fromage, comme si vous vouliez faire un *libum*, & ajoutez-y trois onces de miel &
un œuf. Frottez d'huile un plat de terre, sur lequel vous mettrez tous ces ingrédiens après les

---

bestiaux & aux limites des terres, comme on le voit au
Livre VIII de l'Enéide de Virgile. C'est le même que celui que notre Auteur appelle Mars *le Pere*, Ch. CXLII.

(1) Il est ainsi nommé *a suavitate*, c'est-à-dire, à cause
de sa douceur : on doute cependant qu'il méritât ce titre
à notre goût.

avoir bien battus ensemble, couvrez ce plat avec un couvercle de tourtiere, & faites en sorte que la cuisson pénétre l'intérieur du *savillum*, surtout dans le milieu où il est le plus épais. Lorsqu'il sera cuit, retirez-le du plat, frottez-le de miel & égrugez du pavot dessus, après quoi vous le remettrez encore un instant sous le couvercle de la tourtiere, & lorsque vous l'aurez ensuite retiré, vous le servirez sur le plat même sur lequel il aura été cuit, avec des cuillers pour le manger.

CHAPITRE LXXXV.

Maniere de préparer la bouillie à la Carthaginoise. Jettez une livre d'*alica* dans de l'eau, & laissez l'y bien infuser; versez-la ensuite dans une auge propre, ajoutez-y trois livres de fromage frais, avec une demi-livre de miel & un œuf, & battez bien le tout ensemble. Quand cette bouillie sera faite, vous la ferez cuire dans une marmite propre.

CHAPITRE LXXXVI.

Maniere de faire la *Granea* de froment (1). Mettez une demi-livre de pur froment dans un mortier propre, lavez-le comme il faut & purgez-le de toute sa peau en le broyant bien. Mettez-le ensuite dans une marmite avec de l'eau pure, & faites-l'y cuire; quand il sera cuit, ajoutez-y du lait peu à peu, jusqu'à ce qu'il s'y forme une crême bien épaisse.

CHAPITRE LXXXVII.

Maniere de faire l'*Amulum* (1). Nettoyez bien du seigle, ensuite mettez-le dans un auge, &

(1) Les Romains, comme encore aujourd'hui les Italiens, faisoient avec les grains plusieurs especes de ragouts, pâtes & bouillies, dont on peut voir le détail dans Pline 18, 11 : cette *granea* étoit une espece de bouillie, moins composée que celle du Chapitre précédent.

(1) Ainsi nommé d' privatif & de μύλη qui signifie *meule*, parce qu'on y employoit le grain sans le moudre. Pline 18, 7, dit que le meilleur *amulum* venoit de l'Isle de Chio, & que l'on en devoit l'invention à ses Habitans. Le Pere Hardouin, en traduisant ce mot par celui d'*amydon*, n'a pas réfléchi que notre amydon, quoique également

verſez de l'eau par-deſſus deux fois par jour : ta-
riſſez l'eau le dixieme jour ; quand vous aurez
bien fait enfler le grain par ce moyen, vous l'agiterez dans une auge propre pleine d'eau, juſqu'à
ce qu'étant détaché de ſa peau, il tombe au fond
de l'eau comme de la lie. Après cela vous le
mettrez dans un linge propre, que vous tordrez
pour en exprimer la crême dans un baſſin propre
ou dans un mortier. Quand cela ſera fait, remuez
encore bien dans un baſſin plein d'eau, ce qui
ſera reſté dans le linge, pour en exprimer encore
de la crême : vous mettrez toute cette crême au
ſoleil dans un baſſin pour la faire ſécher, & lorſqu'elle ſera ſeche, vous la verſerez dans une mar-
mitte propre, où vous la ferez cuire avec du lait.

CHAPITRE LXXXVIII.

MANIERE de faire du ſel blanc. Rempliſſez
d'eau pure une amphore propre dont le goulot ſoit
rompu (1), & mettez-la au ſoleil ; ſuſpendez dans

---

fait avec du grain non moulu, n'eſt pas comme celui-ci un
comeſtible. Il n'eſt pas ſurprenant que de grands hommes
ſe trompent, ſurtout quand ils font beaucoup d'ouvrages,
& ſur toutes ſortes de matieres.

(1) Caton toujours exact dans les détails, donne ſans
doute la préference à un vaſe caſſé, parce que l'orifice en

l'eau un petit sachet de sel commun (2), que vous secouerez & que vous remplirez de temps en temps; faites la même opération tous les jours à différentes reprises, jusqu'à ce que le sel ait cessé pendant deux jours de se fondre (3). Pour vous assurer que l'eau n'en peut plus recevoir, vous y plongerez du *Mena* (4) desséché, ou un œuf. Si l'un ou l'autre surnage, vous aurez dès-lors une saumure qui sera bonne pour assaisonner la viande, & pour saler des fromages ou de la marée. Vous exposerez cette saumure au soleil sur des assiettes ou sur des plats, & vous l'y laisserez jusqu'à ce qu'elle se soit condensée; elle s'y convertira en fleur de sel que vous tiendrez à l'abri chez vous, lorsque le temps sera couvert ainsi que pendant la nuit, & que vous exposerez de jour au soleil quand il en sera.

---

est plus large, & rend par conséquent l'opération plus facile.

(2) Il veut qu'on mette le sel dans un sachet, afin que les parties crasses du sel restent dans ce sachet & ne se répandent pas dans l'eau, lorsqu'il fondra.

(3) Ce sera la preuve que l'eau sera saoulée de sel au point de n'en pouvoir plus recevoir, de même que lorsqu'elle est assez pesante pour soutenir certains corps, comme il le dit l'instant d'après

(4) C'est une espece de poisson.

CHAPITRE LXXXIX.

Manière d'engraisser les poules & les oyes. Il faudra renfermer de jeunes poules qui n'auront encore pondu qu'une fois, & leur faire des petites boulettes de pâte avec de la fleur de farine ou de la farine d'orge : on trempera ces boulettes dans l'eau avant de les leur fourer dans le bec. Il faudra en augmenter la dose tous les jours peu à peu, en la proportionnant à l'appétit qu'elles montreront. On les empâtera ainsi deux fois par jour, & on les fera boire à midi, sans laisser l'eau plus d'une heure devant elles ; on nourrira de même les oies, si ce n'est que l'on commencera par les faire boire avant de les empâter, & qu'on leur donnnera deux fois par jour tant à boire qu'à manger.

CHAPITRE XC.

Quant aux pigeons ramiers, dès que vous en aurez attrapé un jeune , vous commencerez par lui donner de la fève rotie, & vous lui soufflerez de l'eau dans le bec. Vous continuerez la même méthode pendant sept jours. Après quoi vous pilerez des fèves & du bled , chacun séparément; & sur un tiers de fèves pilées que vous ferez bouillir, vous jetterez deux tiers de farine pour bien faire cuire le tout ensemble, & la cuisson achevée, vous paîtrirez bien cette pâte, après avoir frotté vos mains d'huile, en observant de la paîtrir d'abord par petites masses, que vous tremperez chacune dans de l'huile, & que vous réunirez en plus grandes masses pour les paîtrir encore, jusqu'à ce que vous en ayez fait de gros pains ronds, dont vous donnerez à votre ramier des morceaux trempés dans l'eau, proportionnellement à l'appétit qu'il aura.

CHAPITRE XCI.

MÉTHODE pour faire une aire. Labourez la place où vous voulez la faire, arrosez-la bien ensuite avec de la lie d'huile, & donnez-lui le temps de s'en imbiber : après quoi vous en ameublirez bien le terrein, & vous l'applanirez en le battant avec la hie. Cela fait, vous l'arroserez encore avec de la lie d'huile, & vous le laisserez sécher. En vous y prenant ainsi, vous n'aurez point à craindre que les fourmis l'endommagent, ni que l'herbe y croisse (1).

---

(1) Pline 15, 8, fait ajouter à Caton qu'il ne s'y fera point de crevasses.

CHAPITRE XCII.

POUR éviter que le charenson ne gâte le bled, ou que les rats ne s'y mettent, faites du mortier de terre avec de la lie d'huile, dans lequel vous ferez entrer un peu de paille hachée. Vous gâcherez bien ce mortier après l'avoir laissé se bien détremper, & vous en crépirez tout votre grenier à une épaisseur raisonnable, après quoi vous remettrez une couche de lie d'huile par-dessus. Quand cela sera sec, vous y pourrez serrer du bled, après l'avoir rafraîchi, sans avoir rien à craindre du charenson.

CHAPITRE XCIII.

SI un olivier est stérile, déc... ssez-le, enveloppez-le ensuite de paille longue, puis après, mêlez de la lie d'huile avec de l'eau, moitié l'une, moitié l'autre, & répandez-en autour; il n'en faudra qu'une urne (1) pour les plus grands arbres,

---

(1) Il en a exigé une plus grande quantité dans le Chapitre XXXVI, où il a déjà donné ce précepte. En devons-nous conclure qu'il en faut moins à l'olivier (duquel seul il parle ici) qu'aux autres arbres? ce qu'il y a de certain

& moins à proportion pour les plus petits. En arrosant de la même maniere les arbres qui rapportent déja beaucoup, ils n'en deviendront que meilleurs, mais il ne faudra pas envelopper ces derniers de paille longue.

CHAPITRE XCIV.

POUR que les figuiers ne perdent point les figues vertes dont ils sont chargés, vous leur ferez la même chose qu'aux oliviers; mais en outre vous aurez soin à l'approche du Printemps d'en charger le pied de nouvelle terre. Moyennant cela, non-seulement les figues ne tomberont point, mais encore les figuiers eux-mêmes seront garantis de la galle, & deviendront bien plus fertiles.

c'est que Pline, qui entend ce passage de l'olivier comme des autres arbres, 17, 28, en exige une amphore pour les grands arbres, & une urne pour les petits. Il ne comprend même pas l'eau dans cette grande quantité, ainsi que nous l'avons déja remarqué. Ainsi je ne crois pas qu'il y ait de différence entre les oliviers & les autres arbres, mais bien qu'il y a faute ou dans ce Chapitre, ou dans le XXXVI: mais je me garderai bien de décider dans lequel des deux se trouve la faute.

CHAPITRE XCV.

Pour empêcher le ver-coquin de s'attacher à la vigne, prenez de la lie d'huile, que vous laisserez reposer dans un vase jusqu'à ce qu'elle soit bien éclaircie : mettez-en deux conges dans un vaisseau de cuivre, & faites-la cuire à petit feu, en la remuant de temps en temps avec une espatule, jusqu'à ce qu'elle ait acquis l'épaisseur du miel. Après quoi prenez un *tertiarius* de bitume & un *quartarius* de souffre, que vous pulvériserez chacun séparément dans un mortier. Vous saupoudrerez peu à peu & bien légérement avec ces poudres la lie d'huile pendant qu'elle chauffera, en la remuant en même-temps avec une espatule ; après quoi vous acheverez de la faire cuire en plein air : car si vous la faisiez cuire à couvert, après l'avoir saupoudrée de bitume & de souffre, elle s'enflammeroit. Lorsqu'elle sera devenue aussi épaisse que de la glû, vous la laisserez refroidir, & vous en frotterez la vigne autour des seps & sous les branches, & le ver-coquin ne s'y mettra pas.

CHAPITRE XCVI.

POUR préserver les brebis de la gale, laiſſez repoſer de la lie d'huile dans un vaſe, juſqu'à ce qu'elle ſoit bien éclaircie, prenez enſuite de l'eau dans laquelle vous aurez fait bouillir des lupins & de la lie de bon vin; mêlez tout cela enſemble par portions égales. Lorſque vous aurez fait la tonte, vous en frotterez les brebis par tout le corps, & vous les laiſſerez ſuer deux ou trois jours, après quoi vous les ménerez ſe baigner dans la mer; ſi la mer n'eſt pas à votre portée, vous ferez de l'eau ſalée pour les en laver : moyennant cela la galle ne leur prendra point, elles auront de meilleure laine & en plus grande quantité, & les tiques ne les incommoderont point. Servez-vous de la même drogue pour tous les quadrupedes, quand ils ſeront attaqués de la galle (1).

---

(1) Pline 15, 8 fait encore dire à Caton, que la lie d'huile eſt efficace pour guérir les ulceres qui ſe forment dans la bouche de l'homme, ce qu'on ne trouve ni ici, ni ailleurs.

CHAPITRE XCVII.

FROTTEZ avec de la lie d'huile bonillie les es-
sieux, les rênes, les souliers & les cuirs; vous
leur donnerez par-là un degré de bonté de plus.

CHAPITRE XCVIII.

POUR éviter que les teignes ne se mettent à vos
habits, faites cuire de la lie d'huile jusqu'à ce
qu'elle soit réduite à moitié, frottez-en le fond,
l'extérieur, les pieds & les coins de votre armoire, & attendez qu'elle soit séchée pour y serrer
vos habits; moyennant cela les teignes ne s'y mettront point. En frottant de la même maniere
tous les meubles que vous aurez en bois, ils ne
seront point sujets à pourrir; & lorsque vous vien-
drez à les nettoyer, ils n'en seront que plus bril-
lans. Frottez aussi de même toute votre vaisselle
de cuivre, après l'avoir bien écurée. Lorsque vous
l'aurez ainsi frottée, & que vous voudrez vous
en servir, écurez-la encore, elle n'en sera que
plus éclatante, & la rouille ne s'y mettra point.

CHAPITRE XCIX.

SI vous voulez garder des figues seches sans qu'elles se gâtent, mettez-les dans un vase de terre que vous aurez frotté de lie d'huile bouillie.

CHAPITRE C.

SI vous avez une metrete neuve, que vous destiniez à remplir d'huile, rincez-la auparavant avec de la lie d'huile crue & non préparée, & secouez-la long-temps afin qu'elle s'en imbibe bien; moyennant cela votre metrete ne boira pas l'huile, mais elle lui donnera un bon goût, & durera elle-même plus long-temps.

CHAPITRE CI.

SI vous voulez conserver des branches de myrte vertes avec leurs baies, ou de petites branches de figuiers ou de tel autre arbre que ce soit avec leurs feuilles, liez-les ensemble par petites poignées, que vous plongerez dans de la lie d'huile, de façon qu'elles en soient recouvertes entiérement : mais ayez soin de les prendre un tant soit peu vertes. Vous boucherez bien le vase dans lequel vous les enfermerez (1).

CHAPITRE CII.

Si un serpent vient à mordre un bœuf, ou tel autre quadrupede que ce soit, broyez dans une hémine de vin vieux, un *acetabulum* de cette nielle que les Médecins appellent *Smyrneum* (1), injectez-lui-en dans les nazeaux, & mettez de la siente de porc sur la plaie. Usez du même remede pour les hommes à qui pareil accident sera arrivé.

CHAPITRE CIII.

Pour maintenir les bœufs frais & vigoureux, & leur faire revenir l'appétit lorsqu'ils paroîtront

---

(1) Les Chapitres CIII, CXXVIII & CXXX, qui traitent également des propriétés de la lie d'huile, seroient à leur véritable place à la suite de celui-ci.

(1) C'est peut-être le Maceron, que les Botanistes appellent *Smyrnium*, du mot Grec *σμύρνα* qui signifie myrre, parce que la racine de cette plante a l'odeur & le goût approchant de ceux de la myrre.

dégoûtés, arrofez de lie d'huile le fourage que vous leur donnerez : faites-le d'abord légérement les premieres fois & jufqu'à ce qu'ils s'y faffent, mais enfuite de plus en plus par gradation. Vous pourrez même leur en donner quelquefois à boire avec moitié eau, mais rarement, comme, par exemple, tous les quatre à cinq jours. En pratiquant cette méthode, les bœufs feront plus frais, & à l'abri des maladies.

CHAPITRE CIV.

Vin à l'ufage des gens pendant l'hiver. Mettez dans une futaille dix *quadrantals* de vin doux, deux *quadrantals* de vinaigre bien mordant, & autant de vin cuit jufqu'à diminution des deux tiers, avec cinquante *quadrantals* d'eau douce ; remuez le tout enfemble avec un bâton trois fois par jour, pendant cinq jours confécutifs ; après quoi vous y ajouterez foixante-quatre *fextarii* de vieille eau de mer. Vous mettrez un couvercle fur la futaille, & vous la tiendrez bouchée pendant dix jours : ce vin fe confervera jufqu'au folftice, mais paffé le folftice, ce qui vous en reftera ne fera plus que du vinaigre, qui deviendra par la-fuite le plus mordant & le plus beau poffible.

CHAPITRE CV.

Si (1) votre terre est éloignée de la mer, voici comment il faudra vous y prendre pour faire du vin Grec. Vous verserez vingt *quadrantals* de vin doux dans une chaudiere de cuivre ou de plomb, que vous mettrez sur le feu; dès que ce vin commencera à bouillir, vous le retirerez du feu, & lorsqu'il sera refroidi, vous le survuiderez dans des futailles de la contenance de quarante *sextarii*. Mettez aussi dans un vase à part un *quadrantal* d'eau douce avec un *modius* de sel, & donnez à cette eau le temps de se convertir en saumure. Lorsque cette saumure sera faite, vous la distribuerez dans les futailles. Enfin vous broyerez dans un mortier du parfum, de la racine de jonc & de la canne aromatique, & vous en mettrez un *sextarius* dans la futaille pour la parfumer. Trente jours après vous la boucherez, & vous la survuiderez au Printemps dans des amphores, que vous laisserez exposées au soleil pendant deux ans (2), après quoi vous les retirerez

---

(1) Il a déja donné dans le Chapitre XXIV la façon de faire du vin Grec avec de l'eau de mer, ainsi celui-ci qui contient une exception pour le cas où l'on n'a point d'eau de mer, auroit dû le suivre.

(2) Ne faudroit-il pas lire *biduum* plutôt que *biennium*,

chez

chez vous. Le vin fait de cette façon ne le cédera
point en qualité au vin de Cos.

CHAPITRE CVI.

FAÇON d'apprêter l'eau de mer. Puisez un *qua-drantal* d'eau de mer, à un endroit de la pleine
mer dont l'eau douce n'approche pas, égrugez
une livre & demie de sel, que vous jetterez dedans & que vous y remuerez avec un bâton, jusqu'à ce qu'un œuf de poule cuit (1) puisse y sur-
nager, auquel cas vous cesserez de le remuer. Vous
y verserez ensuite deux conges de vin vieux, soit
d'Amminée, soit de vin blanc fait avec du raisin
noir, & vous remuerez bien le tout, après quoi
vous le survuiderez dans un vase enduit de poix
que vous boucherez. Si vous voulez apprêter une

---

d'autant que dans le Chapitre CXII il veut qu'on ne laisse
le vin de Cos, semblable à celui-ci, que quatre jours au
soleil.

(1) Pourquoi veut-il qu'il soit cuit ? est-ce parce qu'il est
plus léger que lorsqu'il est crud, & qu'il faudra dès-lors
moins de sel pour que l'eau puisse le porter ? l'expérience
nous prouve cependant qu'il ne perd tout au plus par la
cuisson qu'un tiers de grain de son poids. Cette différence
est-elle donc assez sensible pour que notre Auteur l'ait eû en
vue ? Tout attaché aux détails qu'il est, nous voyons cependant que dans le Chapitre LXXXVIII, il s'étoit contenté
d'un œuf crud pour une expérience semblable.

plus grande quantité d'eau de mer , vous aurez foin de proportionner la quantité des dofes, que je viens de prefcrire, à celle d'eau de mer que vous voudrez avoir.

CHAPITRE CVII.

COMPOSITION pour frotter le bord des futailles, afin de leur donner un bon parfum, & d'empêcher que le vin ne contracte aucun vice. Verfez dans un vafe de cuivre ou de plomb, fix conges d'ex-cellent vin cuit jufqu'à diminution des deux tiers. Prenez une hémine de racine d'Iris feche en pou-dre, & cinq livres de mélilot bien odoriférant; broyez-les l'un avec l'autre le plus menu que vous pourrez, & après les avoir paffés par un crible, faites-les cuire dans ce vin cuit avec du farment, & à un feu clair. Remuez cette compofition fur le feu, & prenez garde de la laiffer brûler; il faut qu'elle cuife jufqu'à ce qu'elle foit réduite à moitié; lorfqu'elle fera refroidie, furvuidez-la dans un vafe enduit de poix bien parfumé, que vous boucherez, & vous vous en fervirez pour frotter le bord de vos futailles.

CHAPITRE CVIII.

Voulez-vous éprouver votre vin, pour sçavoir s'il sera de durée ou non? Mettez dans un gobelet propre un demi *acetabulum* d'ancien gruau, avec un *sextarius* du vin que vous voudrez éprouver; mettez ce vin sur des charbons, & faites-lui jetter deux ou trois bouillons, passez-le ensuite & jettez le gruau, après quoi vous l'exposerez en plein air, & vous le goûterez le lendemain matin. Si vous le trouvez bon, ce sera une preuve que le vin qui est dans la futaille, que vous éprouvez, sera de durée; mais s'il est aigrelet, ce sera une preuve du contraire.

CHAPITRE CIX.

Voici comme il faudra vous y prendre pour adoucir & rendre agréable du vin qui sera dur. Ayez quatre livres de farine d'ers, & jettez dessus la valeur de quatre *cyathi* à vin, de vin cuit jusqu'à diminution des deux tiers. Ayez ensuite de petits massepains que vous y laisserez tremper vingt-quatre heures, ensuite vous jetterez le tout dans la futaille de vin que vous voulez corriger, & vous la boucherez; au bout de deux mois votre vin sera doux & agréable ; il aura pris de la couleur & du parfum.

CHAPITRE CX.

Si vous voulez faire passer au vin quelqu'odeur désagréable, il suffira de faire bien chauffer un gros morceau de tuile neuve : lorsqu'il sera chaud, vous l'enduirez de poix & l'attacherez au bout d'une ficelle, pour le descendre tout doucement au fond de la futaille, que vous tiendrez bouchée pendant deux jours. Si au bout de ce temps l'odeur désagréable est passée, tant mieux, si elle subsiste encore, recommencez la même opération, & cela jusqu'à ce que vous l'ayez fait passer.

CHAPITRE CXI.

Voulez-vous vous assurer si l'on a mêlé de l'eau dans votre vin, ou non? Faites un petit vase avec du bois de lierre, mettez-y du vin que vous soupçonnez mêlé d'eau, s'il y en a effectivement, le vin s'écoulera à travers le vase & l'eau y restera ; car un vase fait avec du bois de lierre ne peut pas contenir de vin.

CHAPITRE CXII.

SI vous voulez faire du vin de Cos avec d'autre vin, puisez soixante & dix jours avant la vendange de l'eau de mer, à un endroit de la pleine mer où l'eau douce ne parvienne pas, pendant que la mer sera tranquille & qu'il ne fera point de vent (1). Quand vous aurez puisé cette eau, vous la verserez dans une futaille sans la remplir : il faudra au contraire que cette futaille soit en état de contenir en-sus cinq *quadrantals* de liqueur ; vous mettrez un couvercle dessus , en laissant une ouverture par laquelle l'air puisse y entrer. Un mois après transvasez-la proprement dans un autre futaille , & très-doucement , afin de laisser le dépôt au fond. Vingt jours après transvasez-la encore dans une autre futaille , où elle restera jusqu'à la vendange. Laissez sur son sep le raisin avec lequel vous voulez faire du vin de Cos, afin qu'il ait le temps de bien mûrir : & ne le cueillez qu'après qu'il aura plû & qu'il sera

---

(1) Ce mélange d'eau de mer avec le vin qui nous paroît si extraordinaire, étoit d'un usage commun chez les Anciens : Pline fait mention de cet usage, & nous apprend 14, 8 qu'il devoit son origine à la fourberie d'un esclave, qui s'imagina de remplir de cette eau une futaille, dont il avoit bu le vin en cachette.

séché. Mettez-le au soleil pendant deux ou trois jours en plein air, pourvu qu'il ne pleuve pas; s'il pleut, arrangez-le sur des claies chez vous, & épluchez-en tous les grains qui pourront être gâtés : prenez alors l'eau de mer dont nous parlions tout-à-l'heure, & mettez-en dix *quadrantals* dans des futailles de la contenance de cinquante *sextarii* : ensuite prenez des grappes de raisin noir dont vous érasserez les grains avec la main dans ces futailles, jusqu'à ce qu'elles en soient remplies, afin qu'ils puissent s'imbiber de l'eau de mer. Lorsque vous aurez rempli les futailles, couvrez-les en laissant une ouverture, par laquelle l'air y puisse entrer; trois jours après retirez ce raisin des futailles, & foulez-le dans le pressoir, vous mettrez le vin qu'il rendra dans de bonnes futailles bien propres & bien seches.

CHAPITRE CXIII.

VOICI ce qu'il faudra faire pour lui donner un bon parfum. On prendra une brique enduite de poix, que l'on couvrira de braise à demie allumée, & on fera brûler dessus du melilot, des parfums, de la racine de jonc & du baume qu'on trouve chez les Parfumeurs; on fera cette opération dans la futaille même un jour avant de la remplir, & on aura soin de la tenir bien couverte, de peur que l'odeur ne soit évaporée lorsqu'on viendra à la remplir; on y mettra le vin à la sortie même du pressoir, & on la tiendra couverte pendant quinze jours avant de la boucher, en laissant une ouverture par laquelle l'air pourra y entrer, ensuite on la bouchera. Quarante jours après on survuidera le vin dans des amphores, & on ajoutera par chaque amphore un *sextarius* de vin cuit jusqu'à diminution des deux tiers. Il ne faudra pas trop remplir ces amphores, mais seulement jusqu'au bas des anses ; on les exposera ensuite au soleil dans un endroit où il n'y ait point d'herbe, en les couvrant de peur qu'il ne tombe de l'eau dedans. On ne les laissera pas plus de quatre jours (1) au soleil, après quoi on les arrangera en tas dans le cellier.

CHAPITRE CXIV.

Si vous voulez avoir du vin qui ait la propriété de tenir le ventre libre, déchaussez après la vendange, & dans le temps où l'on déchausse les vignes, le nombre de seps que vous jugerez suffi-

------

(1) Pline 14, 8, veut que ce soit quatre ans, & non pas quatre jours : n'auroit-il pas confondu ce vin-ci avec le vin Grec dont il a été question dans le Chapitre CV, & que Caton ordonne de laisser au soleil, non pas à la vérité pendant quatre ans, mais pendant deux.

sant pour cette destination, & marquez-les. Rognez-en les racines & nettoyez-les; pilez dans un mortier de la racine d'ellebore, & mettez-en autour de ces seps; couvrez ensuite leurs racines de vieux fumier & de vieille cendre mêlés avec deux tiers de terre, & finissez par mettre de la terre pure par-dessus; vous cueillerez le raisin de ces seps à part. Si vous voulez garder ce vin jusqu'à vetusté, gardez-le, il sera toujours propre à vous tenir le ventre libre, mais évitez de le confondre avec d'autre vin. Vous en mêlerez un *cyathus* avec de l'eau pour boire avant le repas, & il vous fera aller sans aucun risque.

CHAPITRE CXV.

JETTEZ encore dans une amphore de vin doux une poignée d'ellebore noir, & retirez-l'en lorsqu'elle y aura fermenté : vous garderez ce vin pour vous relâcher le ventre. Si vous voulez apprêter du vin purgatif, marquez de sanguine quelque seps, lorsqu'on déchaussera les vignes, pour ne pas les confondre avec les autres, & mettez autour de leurs racines trois poignées d'ellebore noir, que vous recouvrirez de terre. Mettez à part pendant la vendange le vin que vous aurez récolté de ces seps. Vous en mêlerez un *cyathus* dans votre boisson ordinaire, il vous relâchera

le ventre, & vous purgera totalement dès le second jour, & cela sans aucun risque (1).

CHAPITRE CXVI.

COMMENT il faut s'y prendre pour conserver des
lentilles. Vous ferez infuser du laser dans du vinaigre; vous jetterez vos lentilles dans ce vinaigre, & vous les exposerez ainsi au soleil. Ensuite
vous les passerez dans de l'huile, & vous les laisserez sécher. Par ce moyen vous les conserverez
très-saines & en bon état (1).

CHAPITRE CXVII.

MANIERE de confire les olives blanches. Il faut
les abattre avant qu'elles noircissent, & les mettre dans de l'eau que l'on changera souvent. Ensuite, lorsqu'elles seront assez détrempées, il fau-

---

(1) Les Chapitres CXXII, CXXIII, CXXV, CXXVI,
CXXVII, qui traitent tous des vins qui servent de remedes,
n'auroient pas dû être séparés de ceux-ci.

(1) Ou la lentille, dont parle Caton, n'est pas la même
que la nôtre, où elle est plus difficile a garder en Italie
qu'ici. Palladius 7, 3, s'occupe aussi du soin de donner des
moyens pour la conserver.

dra les égouter & les jetter dans du vinaigre, en
y ajoutant de l'huile, avec une demi-livre de sel
par *modius* d'olives. Il faudra confire à part dans
du vinaigre du fenoüil & de la lentisque ; ou
même conjointement avec les olives, pourvu qu'on
ne tarde pas à les consommer. On les foulera dans
un petit vaisseau de terre, après avoir essuyé ses
mains, & on les en retirera à mesure qu'on en
voudra manger.

CHAPITRE CXVIII.

MANIERE de les confire quand on veut les consommer sitôt après la vendange. Il faut y mettre
autant de vin doux que de vinaigre, & pour le
surplus s'y prendre comme ci-dessus.

CHAPITRE CXIX.

MANIERE de faire l'*Epityrum* (1), tant le blanc,
que le noir & le bigarré. Après avoir ôté les

---

(1) On veut que ce mot vienne du mot Grec τυρός, qui signifie *fromage*, non pas qu'il entrât du fromage dans la composition de ce ragoût, mais parce qu'on le servoit quand le
fromage étoit mangé. Columelle nous apprend 12, 47, que
ce ragoût étoit beaucoup d'usage dans les villes Grecques,

noyaux des olives blanches, noires ou bigarrées, assaisonnez-les comme il suit. Vous les couperez par tranches, que vous mettrez avec de l'huile, du vinaigre, de la coriandre, du cumin, du fenoüil, de la rüe & de la menthe, dans un petit vase de terre, de façon que l'huile surnage, & vous en prendrez à mesure que vous en aurez besoin.

CHAPITRE CXX.

Si vous voulez avoir du vin doux toute l'année, remplissez-en une amphore dont vous enduirez le bouchon de poix ; vous la mettrez au fond d'un réservoir d'eau, où vous ne la laisserez pas plus d'un mois : ce vin se conservera doux toute l'année.

CHAPITRE CXXI.

Maniere de faire du gâteau au vin doux. Arrosez de vin doux un *modius* de farine de seigle, ajoutez-y de l'anis, du cumin, deux livres de graisse, une livre de fromage & de la raclure de

---

& il donne une façon de le faire plus compliquée que celle-ci.

branches de laurier ; lorsque votre gâteau sera façonné, mettez-le sur des feuilles de laurier pour le faire cuire.

CHAPITRE CXXII.

Composition de vin à l'usage de ceux qui urinent avec difficulté. On pile du chevrefeuille (1) ou du genevrier dans un mortier, on en met une livre dans deux conges de vin vieux, que l'on fait bouillir dans un vase de cuivre ou de plomb ; & lorsqu'il est refroidi, on le conserve dans une *lagæna* pour en prendre un *cyathus* le matin à jeun. Ce vin fera du bien.

CHAPITRE CXXIII.

Composition de vin à l'usage de ceux qui sont attaqués de la goutte sciatique. On coupe par petits tronçons un morceau de bois de genevrier de demi pied de grosseur, que l'on fait bouillir dans un conge de vin vieux. Lorsque ce vin est

(1) Dioscorides . 4, 14, & Pline 27, 11 attribuent à cette plante une si grande vertu pour exciter l'urine, qu'après en avoir pris, selon l'un pendant six jours, & selon l'autre pendant dix, le sang vient avec les urines.

refroidi, on le verse avec le bois de genevrier dans une *lagœna*, pour en prendre par la suite le matin à jeun la valeur d'un *cyathus* à vin. Ce vin fera du bien.

CHAPITRE CXXIV.

(1) IL faut tenir les chiens renfermés pendant le jour, afin qu'ils soient plus ardens & plus vigilans la nuit.

CHAPITRE CXXV.

COMPOSITION de vin de myrte. On fait sécher à l'ombre des branches de myrte noir (1), lorsqu'elles sont séches, on les garde jusqu'à la vendange : on en pile la valeur d'un *semodius*, que l'on met dans une urne de vin doux, & on bouche le vase. Dès que le vin doux cesse de travailler, on en retire le myrte; ce vin sera bon

---

(1) Il n'y a pas d'exemple de Chapitre plus déplacé que celui-ci, toute autre place lui eût mieux convenu que celle où il se trouve.

(1) Pline, en citant cet endroit 15, 29, semble faire dire à Caton, que l'on en peut tirer de l'huile avant de les faire sécher, ce que l'on ne trouve pas dans notre Auteur,

quand on aura le ventre dur, ou mal au côté, ou qu'on sera attaqué de coliques.

CHAPITRE CXXVI.

Si l'on a des tranchées ou le dévoiement, ou que l'on soit incommodé de teignes ou de vers, il faudra prendre trente grenades vertes, les broyer, & les mettre dans une cruche avec trois conges de vin foncé en couleur & dur. On bouchera la cruche, & on ne l'ouvrira qu'un mois après pour s'en servir au besoin. Il faudra pour lors en boire une hémine à jeun.

CHAPITRE CXXVII.

Remede contre la difficulté de digérer & d'uriner. Dépouillez un grenadier cultivé lorsqu'il sera en fleurs, faites infuser trois *minæ* de ces fleurs dans une amphore avec un *quadrantal* de vin vieux, & une *mina* de racine de fenoüil broyé proprement. Bouchez bien l'amphore, & ne l'ouvrez qu'un mois après pour vous en servir au besoin. Quand vous voudrez digérer & uriner comme il faut, vous pourrez en boire tant qu'il vous plaira sans danger. Le même vin pris comme il suit, chasse infailliblement les teignes & les vers. On empêche l'enfant (1) qui en est incommodé, de souper la veille. Le lendemain on prend une drachme d'encens, que l'on broie & que l'on mêle avec une pareille quantité de miel cuit , & un *sextarius* de vin d'origan ; on lui en donne à jeun trois oboles, eu égard à son âge, avec une hémine de vin. Il faudra, après qu'il aura pris cette potion, qu'il monte dix fois sur le mortier qui sert à broyer le bled , qu'il en saute à bas autant de fois, & qu'il se promene bien.

CHAPITRE CXXVIII.

SI vous voulez crépir votre habitation, choisissez de la terre la plus remplie de craie & de terre rouge que vous pourrez trouver. Versez dessus cette terre de la lie d'huile , & mêlez-y de la paille, que vous y laisserez fermenter pendant quatre jours. Lorsqu'elle aura bien fermenté, vous la tourmenterez avec un rabot jusqu'à ce qu'elle soit bien hachée , après quoi vous vous en servirez pour crépir votre habitation. Moyennant cela l'humidité n'y pénétrera pas, les rats n'y feront point de nids, l'herbe n'y croîtra pas, & il ne s'y fera point de crevasses.

----

(1) Caton ne fait mention que des enfans, parce que c'est principalement à cet âge qu'on est sujet à ces sortes d'incommodités.

CHAPITRE CXXIX.

MÉTHODE pour (1) faire l'aire où l'on bat le bled. Labourez la place jusqu'à ce que la terre en soit bien ameublie, arrosez-la bien avec de la lie d'huile, afin qu'elle en soit imbibée le plus que faire se pourra, ameublissez de nouveau la terre, & applanissez-la à l'aide d'un rouleau ou d'une hie. Lorsqu'elle sera ainsi applanie, les fourmis ne pourront point l'endommager, & s'il vient à pleuvoir, il ne s'y fera point de gâchis.

CHAPITRE CXXX.

ARROSEZ de lie d'huile crue les troncs d'oliviers & tous les autres bois, & exposez-les au soleil pour leur donner le temps de s'en imbiber. Moyennant cela ils brûleront bien, & ne fumeront point (1).

----

(1) Ce Chapitre est encore un de ceux que nous aurions voulu supprimer, attendu que ce n'est qu'une répétition de ce qui a été prescrit dans le Chapitre XCI.

(1) Cette précaution étoit d'autant plus nécessaire aux anciens Romains, qu'ils n'avoient pas de cheminées dans leurs maisons, & que la fumée n'avoit pas d'autre issue que par la couverture.

CHAPITRE

CHAPITRE CXXXI.

Faites à Jupiter (1), lorsque les poiriers seront en fleurs, le sacrifice que l'on est dans l'usage de lui faire pour la santé des bœufs. Après quoi vous commencerez les labours du Printemps par les terreins pierreux & sablonneux (2); vous passerez ensuite aux terreins lourds & humides, en réservant ceux qui le seront le plus, pour les derniers labours (3).

CHAPITRE CXXXII.

Voici comme il faut faire ce sacrifice. Offrez à Jupiter *Dapalis* (1) un vase à boire rempli de tel vin que vous voudrez. Le jour de ce sacrifice, il

---

(1) C'étoit le premier des Dieux du Paganisme : les Poëtes lui donnoient le titre de pere des Dieux & des hommes.

(2) Parce que la charrue peut aisément y pénétrer, au lieu qu'elle pénétreroit difficilement sur les terreins lourds, tant qu'ils sont imbibés des pluies de l'hiver.

(3) Ce précepte a déja été donné à peu près dans les mêmes termes au Chapitre L. Cette répétition n'est vraisemblablement pas de Caton.

(1) On l'appelloit ainsi *à Dapibus*, parce qu'on lui servoit, dans cette occasion, un repas splendide ; on le plaçoit à cet effet solemnellement sur un lit entre Junon & Minerve, de façon cependant que ces Déesses étoient sur des siéges séparés.

Tome I.   K

sera fête pour les bœufs, pour les bouviers & pour ceux qui le feront. Lorsqu'il faudra offrir le sacrifice, voici ce que vous direz : Jupiter *Dapalis*, je vous offre pour le festin que je dois vous faire dans ma maison & dans ma famille, ce vase à boire plein de vin : soyez à cet effet très-glorifié par cette offrande, & ce festin que je vais vous faire. Vous laverez vos mains avant chaque libation. Ensuite vous prendrez le vin, & direz : Jupiter *Dapalis*, soyez très-glorifié par ce festin que je vais vous faire, soyez très-glorifié par ce vin que je vous présente ; vous pouvez aussi si vous voulez en offrir à Vesta (2). La part de Jupiter dans ce festin consistera en un morceau de viande de troupeau prête à rôtir, & une urne de vin pur, que vous lui sacrifierez chastement & sans y toucher. Le sacrifice fini, allez semer le millet, le panis, l'ail & les lentilles.

CHAPITRE CXXXIII.

MANIERE de propager des arbres fruitiers & autres. Il faudra replier en terre les scions qui en seront sortis à leurs pieds, & en relever l'extrémité hors de terre, afin qu'ils puissent prendre racine. Ensuite il faudra les sevrer lorsqu'il en

---

(2) Il y avoit deux Déesses de ce nom, l'une mere & l'autre fille de Saturne : c'est la premiere dont il est question ici, qui étoit prise pour la Terre.

sera temps, & les planter en regle. Le figuier, l'olivier, le grenadier cultivé, le poirier-coin, le coignassier & toutes les autres especes d'arbres fruitiers, le laurier de Cypre, celui de Delphes, le prunier, le myrte blanc & le noir, l'avelinier, le noyer de Preneste & le platane, peuvent tous être propagés de cette façon en séparant du tronc des scions. Si vous voulez propager un arbre avec plus d'attention, il faudra en planter des marcottes dans des pots. Pour leur faire prendre racine sur l'arbre même, on prend un pot ou un petit panier troué, & l'on fait passer par ce trou la marcotte, on remplit ce petit panier de terre que l'on foule bien, & on le laisse sur l'arbre même. Deux ans après on tranche la jeune marcotte sous le panier, & on la plante sans l'en retirer. On peut se servir de cette méthode pour bien faire prendre racine à tel arbre que ce soit : on provigne également la vigne dans de petits paniers, que l'on remplit bien de terre, & on en coupe les marcottes au bout d'un an pour les planter avec le panier (1).

___

(1) Ce Chapitre ne fait que répéter ce qui a déja été dit dans les Chapitres LI & LII, & à si peu de différence près, que nous aurions souhaité qu'il eût dépendu de nous de le supprimer tout-à-fait. Si cette répétition est de Caton, & non pas de ceux qui ont voulu les premiers donner un ordre quelconque à son Ouvrage, au moins la division inconséquente d'une seule & même matiere tantôt en deux Chapitres, tantôt en un seul, n'est pas de lui. On peut encore

CHAPITRE CXXXIV.

Avant de faire la moisson, il faut immoler la truie *Præcidanea* (1). Voici comme on s'y prendra : avant que de serrer le bled, le froment, l'orge, les fèves & les choux raves, on invoquera Cérès (2), en lui offrant la truie *Præcidanea* ; on invoquera aussi Janus (3), Jupiter (4) & Junon (5), en leur offrant de l'encens & du vin. Avant d'immoler la truie, on présentera à Janus une pile de galettes, en disant : Janus le pere, je vous prie humblement, en vous offrant cette pile de galettes, de vouloir bien m'être propice à moi & à mes enfans, à ma

remarquer combien ce Chapitre est déplacé, le précédent & le suivant étant tous deux relatifs aux sacrifices.

(1) On appelloit de ce nom en général toute victime qu'on immoloit avant les autres, mais la truie *Præcidanea* étoit en particulier celle qu'on offroit à Cérès avant que de couper le bled, dans la vue de purifier une famille qui se trouvoit polluée, faute d'avoir rendu les derniers devoirs à quelqu'un de ses membres après sa mort.

(2) C'étoit la Déesse des bleds : elle étoit fille de Saturne & d'Ops, & mere de Proserpine.

(3) Macrobe dit que c'est le plus ancien Roi de l'Italie, & qu'il fut le premier qui éleva des Temples à l'honneur des Dieux, & qui établit des rites dans les sacrifices, & que c'est pour cela qu'on l'invoquoit toujours avant tous les autres Dieux.

(4) Voyez la Note 1 du Chap. CXXXI.

(5) Cette Déesse étoit sœur & femme de Jupiter.

maison & à ma famille. On présentera un gâteau
à Jupiter, & on l'adorera, en disant : Jupiter, je
vous prie humblement, en vous offrant ce gâteau, de vouloir bien m'être propice à moi & à
mes enfans, à ma maison & à ma famille, de
même que vous êtes glorifié par ce gâteau. Ensuite
on présentera du vin à Janus, en disant : Janus
le pere, soyez très-glorifié par ce vin, que je vous
présente dans la même intention, pour laquelle je
viens de vous adresser mes très-humbles prieres,
en vous offrant une pile de galettes ; ensuite on
dira à Jupiter : Jupiter, soyez très-glorifié par ce
gâteau, soyez très-glorifié par ce vin que je vous
présente ; après quoi l'on immolera la truie *Præcidanea*. Lorsque les entrailles auront été parta-
gées (6), on présentera à Janus la pile de galettes, & on l'adorera, comme on avoit deja fait en
la lui présentant la premiere fois. On présentera
aussi le gâteau à Jupiter, & on l'adorera, comme
on avoit déja fait. On présentera aussi du vin à
Janus & à Jupiter, comme on avoit déja fait, lorsqu'on leur avoit offert la pile de galettes & le gâteau. Enfin on présentera les entrailles & du vin
à Cérès (7).

---

(6) On en faisoit trois parts ; une pour le Dieu, l'autre
pour les Prêtres, & la troisieme pour les Assistans.

(7) Les Chapitres CXXXVIII, CXXXIX, CXL & CXLI,
tous relatifs aux cérémonies Religieuses, trouveroient bien
ici leur place.

CHAPITRE CXXXV.

ÉTAT des lieux où l'on peut se pourvoir de différens uftenfiles. On trouve à Rome des tuniques, des toges, des fayes, des cafaques, des fabots; à Calvi & à Minturnes, des capuchons, des uftenfiles de fer, des faulx, des bêches, des hoyaux, des haches, des équipages pour les bêtes de fommes, des lames de fer pour les garnir, des chainettes; à Vénafrum, des pelles; à Sueffa & en Lucanie, des charettes; des traineaux à Albe; à Rome, des futailles & des cuves : des tuiles à Vénafrum: les charrues de Rome feront bonnes pour les terres fortes, & celles de Campanie pour les terres faciles à cultiver. On trouve à Rome les meilleurs jougs, ainfi que les meilleurs focs que l'on puiffe adapter au corps des charrues. On trouve des *trapetes* [T] à Pompéii; des clouds à Nole, près des murs de Rufrus; des ferrures à Rome; des paniers poiffés (1), des urnes à mettre l'huile, des pors-à-l'eau, des urnes à mettre le vin & d'autres vafes de cuivre à Capoüe; les cabacs de Campanie font les meilleurs. On trouve des cordes à moufles & toutes fortes de cordes faites de genet d'Efpagne, à Capoüe; on trouve les cabacs d'ufage à Rome, à Sueffa & à Cafinum; mais les

---

(1) Ces paniers fervoient à porter l'eau, fur-tout dans les incendies.

meilleurs font ceux que l'on trouve à Rome même.
Si l'on fait faire à Casinum des cables de preſſoir
[γ], L. Tunnius les fait payer cinquante *nummi*,
& à Vénafrum, Mennius les fait payer le double.
Il y faut employer huit bons cuirs de notre pays,
qui ne ſoient pas vieux, & qui ſoient tannés au
point de ne plus contenir que le moins de parties
ſalines que faire ſe pourra; on commencera par
les tanner & les oindre, après quoi on les fera
ſécher. Lorſqu'on commence à faire un cable [γ],
il doit avoir ſoixante & douze pieds de long, &
être fait à trois tourons, chaque touron de neuf
courroyes de deux doigts de largeur. Quand il
ſera cablé, il ſe trouvera réduit à quarante-neuf
pieds; la commiſſure des œillets emportera trois
pieds, ainſi il reſtera quarante-ſix pieds; mais la
diſtention l'allongera de cinq pieds, alors ſa longueur réelle ſera de cinquante & un pieds. Or il
faut qu'un cable de preſſoir [γ], lorſqu'il eſt ten-
du, ait cinquante-cinq pieds pour les plus grands
preſſoirs, & pour les plus petits, cinquante & un.
La corde de cuir la plus grande pour la charette,
doit avoir ſoixante pieds, & celle de la moyenne grandeur, quarante-cinq; les guides de cuir
pour la charette, trente-ſix pieds, & celles pour la
charrue, vingt-ſix; les traits de cuir qui ſervent à
la tirer, vingt-ſept pieds & demi; les courroyes
pour attacher les bœufs au timon de la charette,
dix-huit pieds, la petite corde quinze pieds; les
courroyes pour les attacher au timon de la char-

rue, douze pieds, & la petite corde huit pieds. Les *trapetes* [T] de la plus grande largeur auront quatre pieds & demi, leurs meules [X] auront trois pieds & demi de diametre, sur un pied & une palme d'épaisseur par le milieu, au sortir de la carriere; il y aura deux doigts de distance entre le miliaire [Uc] & le rebord du bassin [Ua]; ce rebord [Ua] aura cinq doigts d'épaisseur (2). Ceux du second ordre auront quatre pieds & un palme de largeur; il y aura un pied & un doigt entre le miliaire [Uc] & le rebord du bassin [Ua]; ce rebord [Ua] aura cinq doigts d'épaisseur; leurs meules [X] auront trois pieds & cinq doigts de diametre, sur un pied & trois doigts d'épaisseur. Vous ferez dans les meules [X] un trou rond qui les traversera de part en part, en conservant d'un côté à l'autre le même rayon de six pouces. Ceux du troisieme ordre auront quatre pieds de largeur : il y aura un pied entre le miliaire [Uc] & le rebord du bassin [Ua]; ce rebord [Ua] aura cinq doigts d'épaisseur; la meule [X] aura trois pieds deux doigts de diametre, & un pied & deux doigts d'épaisseur. Lorsque le *trapete* [T] aura été amené à l'endroit où vous le voudrez placer, vous le monterez & l'ajusterez sur le lieu même.

---

(2) Le texte ne porte qu'un doigt, mais il est évident par la comparaison des *trapetes* qui suivent, que c'est une faute. La ressemblance de *digitum* avec *digitos V*, aura trompé les Copistes : mais ce qui est étonnant, c'est que personne n'ait

CHAPITRE CXXXVI.

CE que l'on doit donner à celui qui se charge de cultiver une terre, à condition de partager la récolte avec le Propriétaire. Dans une bonne terre de Casinum ou de Vénafrum, on lui donnera pour sa part la huitieme partie de la récolte, si le partage se fait en gerbes; dans une terre de moyenne qualité, la septieme, & dans une au-dessous, la sixieme. Mais si l'on partage le grain au boisseau après qu'il l'aura fait battre, on lui donnera pour lors la cinquieme partie (1) : dans une terre de Vénafrum qui seroit excellente, on ne lui donneroit que la neuvieme partie, si le partage se faisoit en gerbes (2). S'il fait moudre toute la récolte en commun avec le Propriétaire, il ne payera de frais de monture, qu'au prorata de la part qu'il a eu dans le partage. On lui donnera de même la cinquieme partie de l'orge & des fèves, & le partage s'en fera en grain & au boisseau (3).

---

relevé cette faute avant nous ; preuve qu'on n'a pas encore compris la construction du *trapete*.

(1) Sa part accroît alors pour le dédommager de la peine qu'il a eu de battre le bled.

(2) Il est juste de lui donner moins alors, parce que plus la terre est bonne, plus la récolte le dédommage, sans lui occasionner néanmois plus de travail.

(3) On sera peut-être étonné de voir ce partage si disproportionné, d'autant qu'aujourd'hui on partage communé-

CHAPITRE CXXXVII.

IL faudra qu'il prenne bien soin de la vigne, qu'il sera convenu de cultiver à condition d'en partager la récolte, ainsi que des autres fonds, des vergers & des pieces de terre qui sont en bled. Il prélévera ce qui lui sera nécessaire de foin & de fourage, pour les bœufs qu'il emploiera sur le lieu à la culture. Tout le reste sera en commun par indivis entre lui & le Propriétaire.

CHAPITRE CXXXVIII.

IL est permis d'atteler les bœufs les jours de Fêtes, pourvu que ce ne soit pas pour d'autres objets que pour leur faire porter le bois, la paille de fèves & le bled, qui doivent être consommés dans la maison. Il n'y a point de Fêtes pour les mu-

---

ment par moitié; mais il faut faire attention à la fertilité admirable de l'Italie, & à la frugalité de ceux qui se chargeoient de ce soin dans ces temps-là, sans compter qu'il pouvoit y avoir des conventions particulieres qui rendoient leur condition meilleure que chez nous. Nous voyons, par exemple, dans le Chapitre suivant, qu'ils prenoient tout le soin nécessaire pour les bœufs qu'ils employoient à la culture, ce qui faisoit un objet très-considérable.

lets, pour les chevaux ni pour les ânes, si l'on en excepte les Fêtes particulieres des familles.

CHAPITRE CXXXIX.

CE qu'il faut préalablement faire suivant le rit Romain, avant d'élaguer un bois consacré aux Dieux. Il faut offrir un porc en sacrifice d'expiation en se servant de cette formule : qui que vous soyez, Dieu ou Déesse (1) à qui ce bois est consacré, & qui avez le droit d'exiger un porc en sacrifice d'expiation, au cas qu'on vienne à l'élaguer, je vous offre ce porc afin que la couppe n'en soit pas criminelle, soit que je la fasse moi-même, soit qu'un autre la fasse par mon ordre, & vous prie en conséquence humblement, en immolant ce porc en sacrifice d'expiation, de vouloir bien m'être propice à moi, à ma maison, à ma famille & à mes enfans; soyez très-glorifié à cet effet par ce porc, que je vais immoler en sacrifice d'expiation.

---

(1) Cette formule étoit d'usage dans les Prieres des Payens, qui admettoient des Dieux de différent sexe, comme les hommes.

CHAPITRE CXL.

Si l'on veut mettre ce bois en labours, il faut faire un autre sacrifice d'expiation de la même maniere, en ajoutant ces paroles dans la formule, *au cas qu'on vienne à y travailler*; il faudra aussi, dès qu'on s'y sera mis une fois, y travailler tous les jours sans discontinuer, au moins dans quelque partie : car si l'on vient à interrompre le travail, ou qu'il survienne des Fêtes, soit publiques, soit de famille, il faudra faire encore un autre sacrifice d'expiation, avant de continuer.

CHAPITRE CXLI.

Comment il faut purifier une terre. Il faut donner ordre que l'on mene autour de cette terre, les *Suovitaurilia* (1); l'ordre sera ainsi conçu : avec l'aide des Dieux, & dans la vue que cela tourne à bien, je vous charge, Manius (2), de faire purifier mon fond, mon champ & ma terre, en y me-

(1) Les Romains appelloient de ce nom un accouplement de trois animaux mâles, qui devoient servir de victimes; ces trois animaux étoient, comme l'annonce le mot lui-même, le Porc, l'Agneau & le Veau.

(2) Ce nom est mis pour servir d'exemple, les uns veulent

nant ces *Suovitaurilia* soit tout-au-tour, soit seulement autour des parties que vous jugerez à propos. On invoquera préalablement Janus (3) & Jupiter (4) en leur offrant du vin, & on dira : Mars le pere (5), je vous prie & vous conjure de vouloir bien être propice à moi, à ma maison & à ma famille, c'est à cette intention que j'ai donné ordre que l'on menât les *Suovitaurilia* autour de mon champ, de ma terre & de mon fond, afin que vous en écartiez les maladies visibles & invisibles, les malheurs, les ravages, les calamités & les intempéries; que vous la protégiez & la préserviez de tout accident; que vous fassiez pousser & venir à bien les fruits de la terre, les bleds, les vignes & les bois; que vous conserviez sains & saufs les pâtres & les troupeaux, & que vous accordiez prospérité & santé à moi, à ma maison & à ma famille. Ainsi, afin de purifier mon fond, ma terre & mon champ, & de faire un sacrifice d'expiation pour tous ces objets, ainsi que je l'ai promis, soyez très-glorifié par ces trois victimes à la mammelle que je vais immoler; Mars le pere, soyez à cet effet très-glorifié par ces trois victimes à la mammelle : on arrangera aussi ensuite avec un couteau

---

que ce soit le nom de l'Esclave préposé à la Métairie, les autres veulent que ce soit celui du Prêtre.

(3) Voyez la Note 3 du Chap. CXXXIV.

(4) Voyez la Note 1 du Chap. CXXXI.

(5) C'est celui qu'il a appellé Mars *Silvanus*, dans le Chapitre LXXXIII.

la pile de galettes & le gâteau que l'on aura préparés pour l'offrande, & on les offrira. Lorsqu'on immolera le Porc, l'Agneau & le Veau, il faudra dire pour chacune de ces victimes, à mesure qu'on les immolera : & à cet effet, soyez très-glorifié par ces victimes qui vont être immolées. Il n'est pas permis de prononcer le nom du porc, de l'agneau ni du veau chacun séparément (6). S'il arrive que l'on n'ait appaisé les Dieux par aucune de ces victimes, voici la formule qu'il faudra employer en recommençant le sacrifice : Mars le pere, s'il y a quelque chose qui ait manqué à votre satisfaction dans les trois victimes à la mammelle, que je vous ai immolées, je vous offre ces trois-ci pour expiation. Si l'on est en doute, que l'une ou l'autre de ces victimes ait appaisé les Dieux ; voici la formule que l'on emploiera : Mars le pere, s'il a manqué quelque chose à votre satisfaction dans le porc que je vous ai immolé, je vous offre celui-ci pour expiation.

---

(6) Il y avoit des mots que les Romains regardoient comme de mauvais augures, & qu'ils s'abstenoient de prononcer sur-tout dans les sacrifices. Mais ces trois noms-ci ne paroissent pas être dans ce cas, puisqu'il est permis plus bas de les prononcer, dans le cas où l'on n'immole qu'une des trois victimes. Il faudroit donc être plus initié que nous ne le sommes aux mysteres de la Théologie Payenne, pour rendre raison de la défense ici portée.

CHAPITRE CXLII.

(1) J'AVERTIS le Métayer qu'il ait à faire tout ce que son devoir exige de lui, & tout ce que son maître lui aura ordonné, à ne négliger aucun des travaux de la terre, à acheter tout ce dont il doit être pourvu, à fournir aux gens ce qui leur sera nécessaire pour leur nourriture & leur habillement; en un mot à obéir ponctuellement à son maître. Je l'avertis en outre de la conduite qu'il doit tenir vis-à-vis de la Métayere, & de l'attention qu'il doit avoir à lui commander de préparer avec le plus grand soin, tout ce qui sera nécessaire pour recevoir son maître quand il viendra à sa terre.

CHAPITRE CXLIII.

IL aura soin qu'elle remplisse bien ses devoirs. Si son maître la lui a donnée pour femme, il s'en tiendra à elle seule; il faut qu'il s'en fasse craindre, & qu'il empêche qu'elle ne soit trop dépensiere. Qu'elle voie le moins que faire se pour-

---

(1) On auroit pû joindre ce Chapitre-ci & le suivant an Chapitre V, qui renferme déja une partie des devoirs du Métayer.

ra ſes voiſines , & en général toutes les perſonnes de ſon ſexe , & qu'elle n'en attire pas dans la Métairie ni chez elle ; qu'elle n'aille pas manger dehors , & qu'elle ne cherche pas à courir. Qu'elle ne faſſe point de ſacrifices , & qu'elle ne charge perſonne d'en faire en ſon nom , ſans l'ordre de ſon maître ou de ſa maîtreſſe , qu'elle ſache que c'eſt au maître ſeul à faire des ſacrifices pour toute ſa maiſon ; qu'elle ſoit propre , qu'elle tienne la Métairie proprement arrangée ; qu'elle ait ſoin de balayer l'âtre & de couvrir tous les jours le feu , avant que d'aller ſe coucher. Qu'elle mette des couronnes de fleurs dans l'âtre aux Calendes , aux Ides & aux Nones (1) de chaque mois, ainſi que les jours de Fêtes , & qu'elle adreſſe des prieres ces jours-là au Dieu Lare (2) de la maiſon, autant qu'elle en aura la faculté. Qu'elle ait ſoin d'avoir un ordinaire toujours prêt pour le Métayer & pour les gens. Qu'elle ait une grande quantité de poules & d'œufs ; qu'elle ſoit approviſionnée de poires ſeches , de cormes , de figues , de raiſins ſecs , de cormes confites dans du vin

---

(1) C'eſt-à-dire , le premier , le huit & le quinze du mois. C'étoit en l'honneur des Dieux Lares , dont le ſiege principal étoit dans le foyer. Suetone nous apprend dans la vie d'Auguſte , que cet uſage étant aboli de ſon temps , il le rétablit , en ordonnant que l'on mît de ces couronnes dans l'âtre deux fois l'an , au Printemps & dans l'Eté. Elles étoient plus grandes que celles que l'on mettoit ſur la tête.

(2) Voyez la Note 2 du Chap. II.

cuit jusqu'à diminution des deux tiers, de poires, de raisins, de coins conservés dans des futailles, & de raisins ensevelis sous terre dans du
marc & dans des pots. Qu'elle ait des noix de
Preneste fraîches, ensevelies sous terre dans des
pots, des coins Scantiens conservés dans des futailles, des coins sauvages & de tous les autres fruits de garde. Qu'elle ait soin de faire
confire toutes les années de toutes ces especes de
fruits. Qu'elle sache faire de bon pain & de bonne farine.

CHAPITRE CXLIV.

SOus quelles conditions il faut donner en entreprise la récolte des olives. L'Entrepreneur recueil-
lera exactement toutes les olives au gré du maître, ou de celui qu'il en aura établi le gardien,
ou enfin de celui à qui il les aura vendues. Il ne
les pincera point pour les cueillir à la main, &
ne les gaulera point sans en avoir reçu l'ordre du
maître ou du gardien. Si quelqu'un de ceux qu'il
emploie s'écarte de cette loi, il ne sera rien dû à
celui qui s'en sera écarté de la part de l'Entrepreneur, ni à l'Entrepreneur de la part du Propriétaire, pour tout ce qui aura été récolté ainsi en
fraude. Tous ceux qui auront été employés à la
récolte des olives, jureront au maître ou au gar-

dien, qu'ils n'en ont point dérobé, ni eux, ni personne de leur participation, pendant tout le temps que la récolte s'est faite dans le fond de L. Manlius. Si quelqu'un d'entr'eux refuse de prêter ce serment, il ne lui sera rien payé par l'Entrepreneur, pour tout ce qu'il aura récolté, & il ne sera rien dû non plus à l'Entrepreneur pour le même objet. Il donnera caution au gré de L. Manlius de bien récolter les olives. Il rendra les échelles dans l'état où on les lui aura fournies, si l'on en excepte celles qui auront été brisées par vetusté : s'il en manque quelques-unes, il en rendra de pareilles, ou bien on en fera faire l'estimation, qui lui sera déduite sur le prix de l'entreprise. S'il arrive quelque dommage au maître par le fait de l'Entrepreneur, celui-ci lui en tiendra compte, & on le fera estimer par un homme équitable, pour l'estimation en être déduite sur ce qui lui sera dû. Il fournira la quantité de monde nécessaire, soit pour ramasser les olives, soit pour les cueillir à la main ; s'il ne la fournit pas, on lui déduira d'autant sur le prix de l'entreprise, comme il aura d'autant moins à payer lui-même à celui à qui il aura cédé son marché, si celui-ci manque à la fournir. Il n'emportera hors du fond ni bois, ni olives. S'il arrive que quelqu'un de ceux qui auront été employés à récolter l'olive, en emporte, il sera déduit à l'Entrepreneur, pour chaque fois qu'il en aura été emporté, quarante *sestertii*, qu'il sera maître de rabattre lui-même à ceux qui en auront emporté, sur ce qu'il pourra leur devoir. Il mesurera toute l'olive sans aucun mélange, & se servira pour cela du *modius* destiné à mesurer les olives. Il fournira cinquante hommes continuellement occupés, dont il y en aura les deux tiers pour cueillir les olives à la main. Il ne lui sera pas permis de payer un prix supérieur au taux commun, à ceux qui récolteront l'olive, ou à ceux qui feront l'huile, à moins qu'il n'atteste sur le champ qu'ils sont associés avec lui; auquel cas, ceux qu'il emploie à ce prix immodéré, seront tenus aussi de jurer qu'ils sont ses associés, si le maître ou le gardien l'exigent. Si quelqu'un d'eux refuse de le faire, il ne sera rien dû à l'Entrepreneur pour l'olive que ce particulier aura récoltée, ni pour l'huile qu'il aura faite, comme il ne sera rien dû non plus à ce particulier par l'Entrepreneur. Il sera donné par forme d'accessoire à l'Entrepreneur sur un marché de douze cent *modii* d'olives, cinq *modii* d'olives salées, neuf livres d'huile tirée à clair, cinq *sestertii* en argent & cinq *quadrantals* de vinaigre pour tout le temps de la récolte. Si tout le temps qu'elle aura duré, il n'a point reçu d'olives salées, on lui en tiendra compte en argent sur le pied de la somme susdite de cinq *sestertii*, par chaque *modius* qu'il auroit dû en recevoir.

CHAPITRE CXLV.

SOus quelles conditions il faut donner l'huile à faire par entreprise. L'Entrepreneur la fera exactement au gré du maître ou du gardien, qui sera commis à cet effet. S'il a besoin de six assortimens complets d'instrumens nécessaires à la confection de l'huile, il les prendra. Il n'employera que les gens qui seront au goût du gardien ou de celui qui aura acheté toute la récolte. Il se servira du *trapete* [T] (1) pour faire l'huile. Si le propriétaire a été forcé de louer des ouvriers, ou de faire un second marché avec un autre, pour la confection de son huile retardée par la négligence de l'Entrepreneur, celui-ci sera tenu de prendre sur lui l'exécution de tous les marchés qui auront été faits à cette occasion, ou bien on lui en déduira le montant sur le prix de son entreprise. Il ne touchera point à l'huile pour son usage, ni pour en dérober, mais il se contentera de ce que le gardien ou le maître lui en aura donné. S'il en prend, on lui déduira, pour chaque fois qu'il en aura pris, qua-

---

(1) On voit par Columelle 12, 50, qu'il y avoit plusieurs especes de machines pour extraire l'huile des olives ; Caton recommande sans doute celle-ci comme la meilleure qui fut connue de son temps.

rante *sestertii* sur ce qui lui sera dû. Les pressureurs qui auront fait l'huile, jureront tous au maître ou au gardien qu'ils n'ont enlevé ni huile, ni olive du fond de L. Manlius, ni eux, ni personne de leur participation. Si quelqu'un d'entr'eux refuse de prêter ce serment, on lui déduira toute la part qui lui revient dans le prix du marché. L'Entrepreneur n'aura point d'autre associé que celui que le maître ou le gardien lui permettra d'avoir. S'il survient quelque perte au maître, par le fait de l'Entrepreneur, elle sera déduite à celui-ci, suivant l'estimation d'un homme équitable. Si l'Entrepreneur est dans le cas de faire de l'huile verte, il aura soin d'exiger par forme d'accessoire la quantité d'huile & de sel qui lui sera nécessaire pour son usage, & deux *nummi* marqués à la Victoire pour le surcroît de manipulation (2).

---

(2) Ce droit particulier étoit dû sans doute, parce que cette huile étoit plus difficile à faire que l'huile commune, parce que l'olive étoit plus verte. Mais comment ce droit pouvoit-il être payable en *nummi* marqués à la Victoire, puisque Pline 33, 3 semble dire que cette espece de monnoie n'a commencé à avoir cours que de son temps, & qu'avant lui on l'apportoit d'Illyrie, non comme monnoie ayant cours, mais comme marchandise ? On peut assurer, quoiqu'en dise Pline, que le nom de *Victoriatus* n'étoit point nouveau de son temps, puisqu'il en est fait mention dans l'Oraison de Cicéron pour Fonteius, art. V. Peut-être y avoit-il du temps de Pline une autre piece de monnoie de ce nom, dif-

CHAPITRE CXLVI.

CRIÉE d'olives à vendre sur pied. Olive sur pied à vendre dans un fond de Vénafrum : l'acheteur payera au receveur pour son droit, le centieme en-sus du prix de l'achat (1). L'enchere actuelle est à cinquante *sestertii*, indépendamment de l'huile qu'on sera tenu de donner au vendeur, qui consistera en quinze cens livres d'huile commune, & telle qu'on la consomme à Rome, & deux cens livres d'huile verte. On lui donnera encore cinquante *modii* d'olives tombées, & dix *modii* d'olives cueillies à la main, qui seront toutes mesurées avec le *modius* destiné à mesurer les olives, on y ajoutera dix livres d'huile pour la bonne mesure, & pour remplir le déchet occasionné par le mesurage. Pour l'usage des poids & mesures appartenant au propriétaire, on lui donnera deux *cotyla* de la premiere huile. L'adjudicataire qui se chargera par le marché de récolter l'olive & de faire l'huile, payera le prix convenu des Calendes de Novembre en dix mois (2), sans

---

férente de l'ancienne, & c'est apparemment celle dont il parle à l'endroit objecté.

(1) C'étoit le droit ordinaire des receveurs, ainsi qu'on le voit dans l'Oraison de Cicéron pour Rabérius.

(2) L'année anciennement n'avoit que dix mois : de sorte

reculer le payement au-delà des Ides (3), dans le cas même où il auroit sous-loué à un tiers la récolte des olives & la confection de l'huile. Il s'engagera à remplir par lui-même, ou à faire remplir ces conventions, & à en donner caution soit au propriétaire, soit à tel autre que le propriétaire déléguera à cet effet, laquelle caution il donnera au gré du propriétaire. Jusqu'à ce qu'il ait payé ou qu'il ait donné cette caution, tout ce qu'il aura importé dans le fond tiendra lieu de gage au propriétaire, de sorte qu'il n'en pourra rien retirer; & s'il en retire quelqu'effet, le maitre en demeurera saisi. Il rendra en bon état les instrumens du pressoir, les cordes, les échelles & les *trapetes* [T], & en général tout ce qu'on lui aura mis entre les mains, si ce n'est les ustensiles qui auront été brisés par vétusté. S'il ne rend pas tout, il payera l'équivalant de ce qui manquera. Si l'adjudicataire ne paie point les cueilleurs ou les pressureurs qu'il employera, le propriétaire pourra, s'il le juge à propos, payer de son argent ceux à qui il sera dû quelque chose, auquel cas l'adjudicataire lui sera redevable de ce qu'il aura payé & sera tenu d'en donner caution,

---

que les marchés qui s'étoient d'abord faits à un an de délai, continuerent de se faire au même terme, mais l'année étant augmentée de deux mois, il fallut exprimer le terme de dix mois.

(3) C'étoit l'usage chez les Romains que les payemens fixés aux Calendes, ne se fissent qu'aux Ides.

de façon même que ce qu'il aura importé dans le fond, tiendra lieu de gage au propriétaire pour cette dette particuliere, comme pour ses autres engagemens.

CHAPITRE CXLVII.

SOus quelles conditions la vendange doit être vendue sur pied. L'acheteur abandonnera au propriétaire le marc, avant qu'on ait versé de l'eau par-dessus pour faire de la piquette, ainsi que la lie (1). Il aura soin de le débarrasser du vin avant les Calendes du mois d'Octobre qui suivra la vendange. S'il n'a pas emporté tout le vin avant ce temps-la, le propriétaire sera libre d'en faire ce qu'il voudra (2) : les autres conditions seront les mêmes que pour la vente des olives sur pied.

(1) Les Romains, comme on le voit dans le Chap. CLIII, faisoient du vin avec la lie qui restoit au fond des futailles, lorsqu'on les survuidoit quelque temps après la vendange. Ce vin de même que la piquette, n'étoit point compris dans la vente de la vendange sur pied.

(2) *Ulp. l.* 1 & 4. *ff. de per. & com. rei vendita*, dit aussi qu'il faut emporter le vin avant le temps, où l'on aura besoin des futailles pour la vendange, faute de quoi le vendeur peut le répandre, si bon lui semble : telle étoit la rigueur des Loix Romaines.

CHAPITRE CXLVIII.

Comment le vin doit être vendu en futailles. Il sera donné à l'acheteur par chaque *culleus* quarante & une urnes de vin (1) ; & il faudra que ce vin ne soit ni aigri, ni poussé. L'acheteur le goûtera sous trois jours, & s'en rapportera sur sa bonté au jugement d'un connoisseur ; s'il tarde plus long-temps à le goûter, le vin sera censé goûté (2). Mais si le retard dans la dégustation est occasionné par le fait du Propriétaire, tous les jours de retard seront ajoutés aux trois jours libres, que doit avoir l'acheteur pour le goûter. Le vin sera délivré à l'acheteur avant les Calendes du mois de Janvier qui suivra la vente ; s'il ne lui a pas été délivré avant ce jour-là, il sera mesuré aux risques du Propriétaire, de façon cependant qu'il lui sera tenu compte de ce qui pourra en avoir été déja mesuré à l'acheteur : auquel cas, si l'acheteur l'exige, le Propriétaire prêtera serment qu'il l'a mesuré en conscience (3). L'acheteur aura soin

---

(1) Le *culleus* ne contenoit que quarante urnes, ainsi il y en a une de bonne mesure.

(2) C'est-à-dire, que dès-lors le vendeur n'en courra plus les risques. Voyez les Loix d'Ulpien, citées dans le Chapitre précédent.

(3) Le reste de ce Chapitre est une répétition de ce qui a

de débaraſſer le Propriétaire du vin avant les Calendes du mois d'Octobre qui ſuivra la vente.
S'il n'a pas emporté tout le vin avant ce temps-
là, le Propriétaire ſera libre d'en faire ce qu'il
voudra : les autres conditions ſeront les mêmes
que pour la vente des olives ſur pied (4).

CHAPITRE CXLIX.

SOUS quelles conditions doit être vendu le
droit de pâturage pendant l'hiver. On aura ſoin de
fixer les bornes du terrein qui ſera compris dans
la vente. L'acheteur entrera en jouiſſance au Calendes de Septembre. Si c'eſt une prairie ſeche,
ſa jouiſſance finira dès que les poiriers commenceront à fleurir; ſi c'eſt une prairie arroſée, elle
finira lorſque ceux qui avoiſinent le terrein tant
par haut que par bas, laiſſeront aux troupeaux la
liberté d'y entrer ou d'en ſortir, ou bien on con-
viendra d'un jour fixe auquel ſa jouiſſance finira
dans l'un & l'autre cas. Pour toute autre eſpece
de pâturage, il ceſſera d'en jouir aux Calendes

été dit dans le précédent, répétition non-ſeulement inutile,
mais même étrangere à la vente du vin en futailles, ſi ſur-
tout l'on fait attention à la derniere phraſe.

(4) J'aimerois à voir ce Chapitre ſuivi du Chap. CLIV,
qui enſeigne la méthode de meſurer le vin aux acheteurs.

de Mars. Le Propriétaire se réservera le droit de faire paître une paire de bœufs domptés & un cheval de bât, pendant la jouissance de l'acheteur. Il se réservera aussi l'usage personnel des herbes potageres, des asperges, du bois, de l'eau, ainsi que le droit de passage dans les prairies, & celui d'y conduire des bêtes de charge. Si l'acheteur occasionne quelque dommage au Propriétaire soit par lui-même, soit par ses bergers où par son bétail, il lui en tiendra compte suivant l'estimation d'un homme équitable; de même que si le Propriétaire occasionne quelque dommage à l'acheteur, soit par lui-même, soit par ses gens ou par ses bêtes, il faudra qu'il lui en tienne également compte. Jusqu'à ce que l'acheteur ait payé le prix de la vente, ou qu'il ait fait un transport au Propriétaire, à l'effet de l'en faire payer par un tiers, le bétail & les gens qu'il aura sur le lieu tiendront lieu de gage au vendeur. S'il s'éleve quelques contestations entr'eux sur ces objets, elles seront portées en justice à Rome.

CHAPITRE CL.

SOUS quelles conditions l'usufruit d'un troupeau de brebis doit être vendu pour l'espace d'une année. L'acheteur donnera au Propriétaire par chaque brebis, une livre & demie de fromage, moitié mou , moitié sec , plus la moitié de ce qu'il aura trait de lait les jours de Fêtes (1) , & une urne de lait en-sus ; moyennant ces conditions , les agneaux qui viendront à naître seront partie de l'usufruit , pourvu qu'ils aient vécu vingt-quatre heures (2) : l'usufruit finira aux Calendes de Juin, ou , si l'année est intercalaire (3) , à celles de Mai. L'usufruitier ne s'engagera pas à rendre plus de trente agneaux (4). Les brebis qui n'auront point mis bas, ne lui seront comptées que sur le pied de deux pour une. Il aura soin de vendre la laine & les agneaux dans le temps le plus favorable pour en tirer plus d'argent. Il donnera au vendeur une délégation , à l'effet de toucher sur son receveur le prix convenu entr'eux, au bout de dix mois. Il fera sagement

---

(1) Il n'étoit pas permis de faire du fromage les jours de Fêtes : mais le lait au contraire étant souvent employé dans les sacrifices, étoit une redevance très-licite pour ces jours-là.

(2) Et par conséquent, s'ils viennent à mourir ensuite , ce sera aux risques de l'acheteur, qui n'en sera pas moins tenu de compléter le troupeau.

(3) Ce mois qu'on étoit obligé d'ajouter à l'année de temps-en-temps, l'allongeoit de vingt-deux à vingt-trois jours : ainsi, si l'usufruit n'eût fini qu'aux Calendes de Juin dans une année intercalaire, l'usufruitier auroit eu plus d'une année de jouissance.

(4) La raison de cette convention me semble d'autant plus impénétrable , que Caton n'a point fixé le nombre de têtes dont est composé le troupeau en question.

d'engraisser des porcs avec le petit lait des brebis; auquel cas dix brebis suffiront pour l'engrais
d'un porc (5). Le berger sera pendant deux mois
à ses frais & dépens, & tiendra lieu de gage au
Propriétaire, jusqu'à ce qu'il ait été satisfait ou
payé (6).

CHAPITRE CLI.

(1) VOICI la méthode que m'a enseigné Manius Percennius de Nole, pour recueillir la grai-

(5) Le petit lait chez nous est trop estimé pour que nous
nous avisions de l'employer à engraisser des porcs, d'ailleurs il est en si petite quantité, qu'il faudroit peut-être plus
de cinquante brebis pour engraisser un seul porc; mais qui
nous dira que les brebis d'Italie, du temps de Caton, ne rendoient pas une assez grande quantité de lait, pour l'employer
à cet usage.

(6) Le Propriétaire ayant une délégation pour le payement
des dix premiers mois, est en sûreté pour ce temps-là; mais
il est juste que quelque chose lui réponde du payement des
deux autres mois de l'année.

(1) Quoique ce Chapitre répete en partie ce qui a déja été
dit dans le XLVIIIe, on ne peut douter qu'il ne soit de Caton, puisque Pline 16, 33, observe que cet Auteur a parlé
plus souvent & avec plus détendue de cet arbre que de tout
autre, par la raison que c'étoit un arbre étranger & difficile à élever en Italie : mais il pourroit fort bien se faire
que la grande utilité de cet arbre, fut le motif de l'at-

ne de Cyprès & la femer, pour propager cet arbre & en faire des plantations. C'eſt au Printemps qu'il faut cueillir la graine du Cyprès de
Tarente (2) : pour le bois, on ne le coupera que lorſque l'orge commencera à jaunir. Lorſque vous
aurez cueilli la graine, vous l'expoſerez au ſoleil
& vous la nettoierez ; il faudra attendre qu'elle ſoit
bien ſeche pour la ſerrer, & ne la mettre que dans
un endroit où elle ſoit bien au ſec. Vous la ſeme-
tez au Printemps dans la terre la plus douce, que
l'on appelle *pulla* : ayez ſoin qu'il y ait de l'eau
dans le voiſinage : vous commencerez par bien
fumer cette terre avec des crottes de chévres ou
de brebis, enſuite vous la retournerez à la hoïe,
afin qu'elle ſoit bien incorporée avec ce fumier,
& vous en ôterez toutes les herbes & le gramen,
de façon qu'elle ſoit bien ameublie. Vous ferez
des planches de la largeur de quatre pieds, un
peu concaves, afin qu'elles puiſſent retenir l'eau.
Entre ces planches vous ferez des ſentiers par

---

tention particuliere que Caton lui a donnée. En effet ſon
bois étoit très-dur, on en faiſoit des preſſoirs capables de
réſiſter aux plus grands poids, des mâts pour les navires, des
beliers pour l'attaque des Villes. C'eſt Pline lui-même qui
nous l'apprend 17, 10.

(2) Cependant Pline 16, 33, croit que cet arbre étoit
originaire de l'Iſle de Crète, aujourd'hui Candie dans la
Méditerrannée, & que Caton ne l'appelle *Tarentina*, que
parce qu'il avoit été apporté pour la premiere fois de cette
Iſle à Tarente.

où vous puissiez passer pour en arracher les herbes. Quand vos planches seront faites, vous y semerez votre graine aussi drüe qu'on a coutume de semer la graine de lin; & vous la recouvrirez à l'épaisseur d'un demi-doigt, avec de la terre que vous ferez passer à travers un crible, puis vous applanirez bien cette terre, soit avec une planche, soit avec vos mains ou vos pieds. S'il arrive qu'il ne pleuve pas, & que la terre soit trop altérée, vous distribuerez de l'eau doucement, & avec précaution sur vos planches. Si vous n'avez pas d'eau à votre disposition, que vous puissiez y faire couler, vous en apporterez exprès pour les en arroser doucement. Ayez soin de leur donner de l'eau toutes les fois qu'elles en auront besoin. S'il vient à y croître de l'herbe, arrachez-la, & cela dès qu'elle commencera à paroître, & toutes les fois qu'il en sera besoin pendant l'Eté; voilà comment il faut s'y prendre. Il faut encore, dès que votre graine sera semée, la couvrir de paille longue, que vous ôterez sitôt qu'elle commencera à germer.

CHAPITRE CLII.

Méthode que je tiens des Manlius pour faire des balais (1) de verges. Il faut s'occuper pen-

---

(1) Ce précepte de Caton pourra paroître minutieux à certaines personnes, mais non pas à celles qui savent par

dant le mois qui suivra la vendange, à faire de temps en temps des balais avec de petites baguettes d'orme seches, que l'on liera en bottes autour d'un bâton ; on s'en servira pour frotter les futailles en-dedans par les côtés, jusqu'à ce qu'on en ait bien détaché la lie.

CHAPITRE CLIII.

FAÇON de faire du vin avec la lie. Ayez pour cela deux cabas à olives de Campanie, que vous remplirez de lie, & que vous mettrez sous l'arbre du pressoir, pour en exprimer le vin.

expérience la différence qu'il y a entre le vin fait proprement, & celui qui est fait sans soin. Au surplus, on peut juger particuliérement par ce Chapitre, que notre Auteur a composé cet Ouvrage, plus pour l'utilité de ses contemporains, que pour se faire un nom & tirer vanité de ses connoissances. On le voit avec plaisir avouer ingénuement de qui il tient une recette peu recherchée ; & c'est dans cet esprit qu'il faut lire tout l'Ouvrage. Ce n'est, à proprement parler, qu'une conversation familiere, dans laquelle ce bon vieillard fait part des observations utiles qu'il a faites lui-même, ou de celles qui lui ont été communiquées.

CHAPITRE

CHAPITRE CLIV.

MÉTHODE pour mesurer le vin aux acheteurs
sans embarras. Vous ferez à cet effet une cuve,
dans laquelle un *culleus* puisse être contenu sans
la remplir, que vous garnirez de quatre anses par
en haut, pour pouvoir la transporter facilement.
Vous la percerez par le fond, & vous adapterez
au trou que vous aurez fait, un robinet qui le
bouchera bien exactement. Vous la percerez aussi
par en haut vis-à-vis la ligne où le vin doit monter, lorsqu'il y en aura la quantité d'un *culleus*
(1); vous placerez cette cuve sur un lieu élevé au
milieu des futailles, afin que le vin puisse en sortir en jet par le robinet, pour aller remplir le
culleus de l'acheteur. Lorsqu'il sera rempli, vous
boucherez votre cuve en tournant le robinet.

---

(1) Il paroît qu'elle devoit être percée aux deux côtés opposés, quoiqu'il ne le dise pas expressément, afin que l'on
pût voir à travers ces deux trous, si le vin étoit de niveau, pour s'assurer de la contenance du *culleus*.

CHAPITRE CLV.

IL faut détourner l'eau des champs pendant l'hiver. Pour y parvenir, vous creuserez sur les terreins qui les domineront, des tranchées bien libres; lorsqu'au commencement de l'Automne, il fera beaucoup de poussiere, c'est alors principalement qu'il y aura lieu de craindre que les pluies ne fassent du ravage (1) : c'est pourquoi dès qu'il commencera à pleuvoir, il faudra que les gens sortent avec des fourches & des sarcloirs, pour déboucher ces tranchées, détourner l'eau du côté des grands chemins, & en garantir les terres labourées en la faisant écouler. Lorsqu'il pleuvra dans la Métairie, il faudra la visiter partout, pour examiner s'il n'y a pas d'endroits par où l'eau filtre; & s'il s'en trouve, il faudra les marquer avec un charbon lorsqu'il aura cessé de pleuvoir, pour les regarnir de nouvelles tuiles. Si pendant la moisson l'eau vient à séjourner au milieu des bleds sciés, ou de ceux

---

(1) Parce que l'abondance de l'eau entraînant facilement cette poussiere, surtout dans les terreins qui vont en pente, ces terreins se trouvent dépouillés par là de leur premiere surface, qui est très-essentielle à la nutrition des plantes. Or les tranchées que Caton ordonne de faire, obvient à cet accident, tant en détournant l'eau, qu'en en rompant l'impétuosité.

qui font encore fur terre, ou dans les tranchées, & que quelque obftacle s'oppofe à fon écoulement, il faudra la détourner, lui ouvrir des paffages, & écarter les obftacles qui l'arrêteront.

CHAPITRE CLVI.

COMPOSITIONS faites avec le choux. Le choux eft entre les plantes potageres, celle qui l'emporte fur toutes les autres par fon utilité; on peut le manger ou cuit, ou crud. Pour le manger crud, il faut le tremper dans du vinaigre : il fe digere merveilleufement bien, il relâche le ventre, & l'urine que l'on rend après l'avoir mangé a nombre d'excellentes propriétés. Veut-on beaucoup boire dans un repas & manger avec appétit, il n'y a qu'à en manger avant le repas, telle quantité que l'on voudra, de crud & trempé dans du vinaigre, de même qu'il fuffit d'en manger la valeur de cinq feuilles après le repas, pour fe fentir dans le même état que fi l'on n'avoit ni bû, ni mangé, & pour boire tant que l'on voudra. Si vous voulez vous foulager l'eftomac par en haut, prenez quatre livres de choux de la qualité la plus légere, faites-en trois poignées d'égale groffeur que vous lierez féparément, enfuite vous mettrez de l'eau au feu dans une marmite : dès qu'elle commencera à friffonner, jet-

tez-y une de vos poignées de choux , l'eau ceſſera de bouillir à l'inſtant ; mais lorſqu'elle aura
recommencé à bouillir , vous l'y enfoncerez de
nouveau par degrés , & ne l'y laiſſerez que le
temps néceſſaire pour compter juſqu'à vingt-cinq
(1) , après quoi vous la retirerez. Faites-en autant
de la ſeconde & de la troiſieme poignée. Vous
mettrez enſuite vos trois poignées de choux dans
un mortier , & vous les pilerez. Quand vous les
aurez retirées du mortier , vous les tordrez dans
un linge , & vous en exprimerez preſque la valeur
d'une *hémina* de ſuc , que vous mettrez dans une
petite coupe de terre. Vous y ajouterez un grain
de ſel de la groſſeur d'une graine d'ers , & ce qu'il
faudra de cumin rôti pour lui en donner l'odeur ,
vous mettrez enſuite la coupe au ſerein pendant
la nuit : avant que de boire ce ſuc , il faudra prendre la veille un bain d'eau chaude , boire de l'eau
mêlée de miel , & ſe coucher ſans ſouper. Le lendemain matin on le boira , après quoi on ſe pro-

---

(1) On voit par ce détail que Caton n'écrivoit que pour
des gens ſimples , & que ſon but étoit de mettre ſes préceptes à leur portée. C'eſt une attention générale qu'il faut
avoir , avant de porter ſon jugement ſur cet Auteur : ſi quelqu'un eſt choqué de quelques minuties ſemées dans cet Ouvrage , qu'il ſe rappelle que ce qu'il y a de plus grand &
de plus admirable dans tous les Arts , eſt ſouvent dû aux
plus petites obſervations. Que dis-je , la nature elle-même
n'éclate jamais plus au jugement de Pline 11, 2 , que dans
les moindres choſes.

menera quatre heures, & l'on vaquera aux affaires
que l'on pourra avoir. Lorfque l'on fentira que
l'envie de vomir voudra prendre, on fe couchera
& on fe foulagera. On rendra tant de bile & de
pituite, qu'on fera foi-même étonné d'en avoir
une fi grande quantité. Enfuite, lorfqu'on commencera à aller à la garde-robbe, il faudra boire
une *hémina* d'eau, ou quelque chofe de plus. Si l'on
ne ceffoit pas d'aller, il faudroit prendre la valeur de deux *conchæ* de farine fine, & l'infufer
dans de l'eau, dont il fuffiroit de boire une petite quantité pour fe refferrer. Si au contraire l'on
eft tourmenté par des tranchées, on fera détremper du choux dans de l'eau. Lorfqu'il fera détrempé, on le jettera dans de l'eau chaude, & on
le fera cuire jufqu'à ce qu'il foit bien attendri.
On jettera l'eau, puis on y ajoutera du fel, un
peu de cumin & de la fleur de gruau, avec de
l'huile, & on fera bouillir le tout enfemble, on
le mettra fur un plat pour le laiffer refroidir. On
le mangera enfuite, en le mêlant avec telle nourriture que l'on voudra ; mais on fera mieux, fi on
peut prendre fur foi, de le manger feul & fans
mélange. Si l'on eft fans fievre, on boira du vin
foncé en couleur & dur, & le moins d'eau que
l'on pourra, à moins qu'on n'ait la fievre ; auquel
cas on ne boira que de l'eau. On en prendra tous
les matins, mais peu à la fois, de peur de s'en
laffer, & afin de pouvoir en manger plus long-
temps fans dégoût. On peut en donner indiffé-

remment aux hommes faits, aux femmes & aux enfans. Venons à ceux qui urinent difficilement, & qui ne le font que goutte à goutte. Il faut prendre du chou, le jetter dans de l'eau bouillante, & ne l'y laisser qu'un moment, de façon qu'il soit à demi crud. Ensuite on jettera une partie de l'eau, on y ajoutera beaucoup d'huile, du sel & un peu de cumin; & l'on fera bouillir un moment ce mélange. On en prendra un petit bouillon lorsqu'il sera refroidi, & on en mangera le chou; il faudra recommencer tous les jours, afin de guérir le plutôt possible.

CHAPITRE CLVII.

DEs différentes especes de choux, & de leur qualités particulieres. Il faut d'abord que vous sachiez qu'elles sont les différentes especes de choux, & que vous connoissiez les qualités particulieres de chaque espece. En général le chou est un spécifique excellent pour la santé, & il convient également bien au chaud, au froid, au sec, à l'humide, au doux, à l'amer & à l'âcre ; par conséquent il renferme en lui seul les sept avantages, que la médecine ne peut procurer que par le mélange des autres plantes. Maintenant pour vous donner une idée de ses différentes propriétés, je vous dirai que le chou de la premiere

espece, est celui que l'on appelle chou uni ; il est
haut, il a des feuilles très-larges & une très-grande tige, il est d'une qualité forte, & a de grandes vertus. Celui de la seconde espece est le chou
frisé que l'on appelle *Apiacon* (1) ; il annonce au
premier coup-d'œil combien il est médicinal, sa
qualité est même plus forte que celle du précédent. Il y en a encore d'une troisieme espece, que
l'on appelle le chou doux ; celui-ci a les feuilles petites, il est rendre, mais c'est le plus
amer de tous, & celui dont les sucs ont le plus
de subtilité : il faut néanmoins que vous sachiez
que cette derniere espece n'a point de vertu mé-
dicinale. Pilez du chou, & appliquez-en sur toutes sortes de blessures ou de tumeurs, il nettoyera
tous les ulceres & les guérira sans douleurs, il
dissoudra les enflures en les faisant aboutir. Il
nettoie les plaies qui sont infectées, ainsi que les
cancers, & parvient à les guérir, ce que ne peut
faire aucun autre remede. Mais avant de l'appliquer, il faut commencer par beaucoup laver la partie malade avec de l'eau chaude ; on en applique-
ra deux fois par jour, & il ôtera toute l'infec-
tion. Il y a des cancers noirs qui sentent mauvais, & qui jettent un pus très-sale. Les cancers

---

(1) Pline 19, 8, lit *Apiana* au lieu d'*Apiacon*, & le
même Auteur dit 20, 9 que ce nom lui vient de la ressemblance de ses feuilles avec celles de l'ache, que les Latins
nommoient *Apium*.

blancs sont aussi purulents à l'extérieur, mais les fistuleux ne suppurent qu'intérieurement & sous la chair. Pilez du choux sur toutes ces sortes de maux, & il les guérira ; il est excellent pour cela. Si vous avez un membre démis, bassinez-le deux fois par jour avec de l'eau tiede, & appliquez-y du chou pilé, & vous guérirez promptement. Si vous en appliquez deux fois par jour, il enlevera les douleurs, & s'il y a contusion, en y mettant du chou pilé, il la résoudra, & vous guérirez. S'il vous vient aux mammelles un ulcere ou un chancre, appliquez-y du chou pilé, il vous guérira : mais si l'ulcere n'en peut pas supporter l'acrimonie, mêlez-y de la farine d'orge avant de l'appliquer. Il guérira tous les ulceres de cette nature, quoi qu'aucun autre remede ne puisse ni les guérir, ni les nettoyer. Si c'est un enfant ou une petite fille qui ait un ulcere de cette nature, vous y mêlerez de la farine d'orge. Si l'on veut en manger, il faudra le couper par morceaux, le laver, le ressuier, & le saupoudrer ensuite de sel & de vinaigre, il n'y aura rien de plus sain ; pour en manger avec plus de plaisir, il faudra l'arroser de vinaigre mêlé avec du miel, & y ajouter de la menthe seche, de la rüe & de la coriandre coupée par morceaux & saupoudrée de sel, vous le trouverez alors un peu meilleur à manger. Il vous fera du bien, chassera toutes les mauvaises humeurs de votre corps & vous relâchera le ventre. Si vous sentez depuis quelques temps des douleurs internes, il les diſſipera abſolument. Il tirera toutes les humeurs de la tête & des yeux, & vous guérira : il faut le manger le matin à jeun (2). Si vous avez de la bile noire, ſi vous avez la ratte gonflée, ou que le cœur, le foie, les poulmons, les inteſtins, en un mot telle partie que ce ſoit vous faſſent mal, mangez-en, & vous ſerez guéri. Ratiſſez deſſus du laſer, cela eſt bon. Comme la plupart des maladies viennent du défaut de tranſpiration, qui eſt une ſuite du gonflement de tous les vaiſſeaux occaſionné par un excès de nourriture, s'il arrive qu'après avoir beaucoup mangé, vous n'alliez pas à la garde-robbe, prenez du chou à proportion de ce que vous aurez mangé (en l'apprêtant comme je viens de dire), & il ne vous viendra aucunes des maladies occaſionnées par ce défaut de tranſpiration. Rien n'eſt plus propre non plus à chaſſer la goutte, que de manger du chou crud coupé par morceaux, avec de la rüe & de la coriandre, ou bien avec du laſer ratiſſé deſſus, en y ajoutant du ſel, du vinaigre fait avec de l'eau de mer & du miel. Avec cette recette un goutteux pourra faire uſage de toutes ſes jointures avec la plus grande liberté. Ce remede n'eſt point coûteux, mais quand il le ſeroit, que riſqueroit-on d'en eſſayer quand il

---

(2) Pline 20, 9 en fixe la quantité d'après Caton à deux *acetabula* ; il ajoute que ſa vertu eſt ſi efficace, qu'on ſent croître ſes forces en le pilant.

s'agit de se procurer la santé? il le faut manger le matin à jeun. Vous pourrez guérir avec le même traitement les personnes sujettes aux insomnies ; vous n'aurez qu'à leur donner à jeun du chou, que vous aurez grillé & oint d'huile pendant qu'il étoit chaud, avec un peu de sel : plus elles en mangeront, plutôt elles guériront de cette incommodité. Voici comme il faudra le préparer pour ceux qui seront tourmentés par des tranchées: on le fera bien détremper, après quoi on le jettera dans une marmite , & on le fera bien bouillir; lorsqu'il sera bien cuit, on jettera l'eau, puis on y ajoutera suffisamment d'huile & un peu de sel , avec du cumin & de la fleur de gruau ; ensuite on fera bien bouillir le tout ensemble : lorsqu'il aura bouilli, on le mettra sur un plat ; on leur en fera manger sans pain, s'ils peuvent s'y résoudre , sinon ils y tremperont un peu de pain , & s'ils sont sans fievre , on leur donnera du vin foncé en couleur, ils guériront promptement (3). S'il arrive que quelqu'un se sente trop affoibli, le choux pourra lui rendre les forces, s'il le mangé apprêté comme nous venons de dire. Il y a plus, conservez de l'urine d'une personne qui aura mangé souvent du chou, mettez - la chauffer, &

---

(3) Toute cette dernière préparation a déja été donnée dans le Chapitre précédent : peut-on s'imaginer que Caton se soit répété dans deux Chapitres aussi voisins l'un de l'autre ?

faites-y baigner un malade, il sera bientôt guéri, c'est une expérience que l'on a faite : comme si vous lavez les petits enfans avec cette urine, ils seront toujours forts, & si vous en bassinez les yeux de ceux qui ont la vue trouble, elle deviendra plus claire. Si vous avez mal à la tête ou au col, lavez ces parties avec cette urine chaude, & la douleur cessera. Une femme en s'étuvant les parties avec cette urine, est également sûre de n'avoir jamais de retard (4). Voici comme il faudra s'y prendre pour cette opération; lorsque l'on aura fait bouillir cette urine dans un vase de cuivre, on mettra le vase sous une chaise percée, sur laquelle la femme s'asseyera, & on la couvrira en l'enveloppant bien de ses hardes. Le chou sauvage a une très-grande vertu; il faut le faire sécher & le broyer bien menu. Si vous voulez vous purger, ne soupez pas la veille, & prenez-en le matin à jeun la valeur de quatre *cyathi* à eau. Rien ne vous purgera aussi-bien, ni l'ellebore même, ni la scammonée, & cela sans aucun risque, car ce chou est très-sain au corps. Vous guérirez avec ce remède ceux dont la guérison sera la plus désespérée. Voici comme on préparera le malade avant de le purger avec cette médecine : on le mettra au bouillon pendant sept jours, s'il veut

---

(4) Le texte porte *nunquam virosi fient*, ce qui voudroit dire qu'elles ne sentiront jamais mauvais ; mais l'impuissance de ce remède contre un état habituel, la gravité de notre

manger, on lui donnera de la chair d'âne (5), s'il n'en veut pas , on lui donnera du chou cuit avec du pain , & on lui fera boire du vin détrempé, qui ne soit pas trop dur; il se baignera rarement & se fera oindre. Quiconque aura été ainsi purgé , jouira d'une santé durable , & il ne lui viendra de maladie que par sa faute. Si quelqu'un a un ulcere , soit ancien , soit nouveau , arrosez d'eau un chou sauvage, & appliquez-le sur l'ulcere, vous le guérirez : & si c'est une fistule, roulez-en une tente que vous y introduirez ; mais si l'ouverture de la fistule est trop étroite , pour que vous puissiez l'y introduire, délayez-en une certaine quantité, que vous mettrez dans une vessie , à laquelle vous attacherez un petit tuyau , ensuite vous presserez la vessie pour en injecter dans la fistule , la guérison suivra de près cette opération. Mettez-en de pilé avec du miel sur tous les ulceres, tant anciens que nouveaux, & ils guériront. S'il vous vient un polype dans le nez, mettez dans votre main (6) du chou sauvage sec & réduit en poudre, & après l'avoir porté à votre nez , vous retirerez votre haleine

Auteur, & sur-tout les variantes qui lisent *nunquamum seri* , ou *nunquam unseri sient* , nous ont déterminés à lire *nunquam ii seri sient*.

(5) Hippocrate recommande aussi la chair d'âne, comme un aliment de facile digestion & laxatif.

(6) Ou dans un pot pourri, suivant Pline 20 , 19.

le plus que vous pourrez, en trois jours le polype
tombera; mais après qu'il sera tombé, ne laissez
pas de continuer le même remede encore pendant
quelques jours, si vous voulez guérir radicale-
ment. Si vous avez l'oreille dure, pilez du chou
dans du vin, exprimez-en le suc, faites-le distil-
ler goutte à goutte dans votre oreille, après l'a-
voir fait chauffer, & vous vous appercevrez bientôt que vous entendez mieux. Enfin appliquez
un peu de chou sur une dartre vive, & il la
guérira sans occasionner d'ulcere (7).

---

(7) Ces étonnantes propriétés du chou ne doivent pas nous
surprendre. Pithagore l'a aussi célébré; & Pline nous apprend 20, 9 qu'un Médecin, nommé Chrysippe, avoit composé un volume entier à l'honneur de cette plante, & que les
divisions de ce livre étoient prises de toutes les parties du
corps humain, à la guérison desquelles elle pouvoit être employée: quoiqu'il en soit, on voit par là que les Romains n'ont
pas connu d'autre remede que le chou pendant six cent ans;
il n'étoit pas encore venu de Médecins à Rome, qui eussent
institué un Art, par le moyen duquel la santé devenoit coû-
teuse, ni qui eussent apporté dans cette ville des drogues, auxquelles ils mettoient le prix qu'ils vouloient. Les Romains,
soldats par état, se contentoient de panser avec un légume
qui ne leur coûtoit rien, les blessures honorables qu'ils
avoient reçues, de sorte qu'un jardin leur suffisoit, & qu'ils
y trouvoient en même-temps leur nourriture & leur guérison.
Au reste Pline, pour confirmer, dit-il *ibid.* le système de
Caton, détaille encore bien d'autres propriétés que les Médecins Grecs attribuoient au chou, & que notre Auteur a
omises.

CHAPITRE CLVIII.

COMPOSITION pour se lâcher le ventre. Si vous voulez vous bien lâcher le ventre, prenez une marmite, mettez-y six *sextarii* d'eau & le manche d'un jambon, ou à défaut de manche, un morceau de jambon de demi-livre, coupé dans la partie la moins grasse que faire se pourra. Quand il sera prêt à être cuit, ajoutez-y deux petites tiges de chou, deux cardes de poirées avec leur racines, un peu de polypode & de mercuriale, deux livres de muscles (1), un têtu, un scorpion, six escargots & une poignée de lentilles : vous réduirez le tout par la cuisson à trois *sextarii* de bouillon, n'y mettez point d'huile. Vous en prendrez un *sextarius* chaud, dans lequel vous mettrez un *cyathus* de vin de Cos ; après l'avoir bû, vous vous reposerez quelque temps, ensuite vous prendrez le reste en deux fois, en laissant de même un intervalle entre chaque prise, & vous vous trouverez purgé. Si vous voulez boire par-dessus du vin de Cos détrempé, vous pourrez le faire. De tous les ingrédiens que je viens de pres-

---

(1) C'est une espece de coquillage qui tient des moules. Voyez les différences qu'il y a entre ces deux coquillages dans Pline 32, 9.

crire, il n'en faudroit qu'un seul à votre choix pour vous relâcher le ventre, jugez si tous réunis ensemble ne le feront pas parfaitement, & cependant cette médecine sera agréable au goût.

CHAPITRE CLIX.

POUR prévenir, quand on voyage à pied, les écorchures entre les cuisses, ayez sous l'anus une petite branche de grande absynthe.

CHAPITRE CLX.

CHARME pour guérir les membres démis (1). Prenez un roseau (2) vert de la longueur de qua-

(1) Il est difficile de se persuader qu'un homme aussi sensé que Caton, ait cru à la solidité de ce charme, sur-tout quand Pline 17, 28, en citant cet endroit, le regarde comme si futile, qu'il n'ose pas se permettre d'en rapporter sérieusement les paroles. Cependant il est certain que les Anciens, même les plus sages, ont quelquefois ajouté foi à ces sortes de charmes; les premiers Chrétiens eux-mêmes n'ont point été exempts de cette superstition, & on trouveroit peut-être encore aujourd'hui des gens, sur lesquels elle pourroit faire impression.

(2) Suetone rapporte dans la vie d'Auguste, Chap. 80, que cet Empereur étoit incommodé de la cuisse gauche, au

tre à cinq pieds; fendez-le en deux par le milieu, & que deux perfonnes le tiennent fur vos
cuiffes; alors vous commencerez le charme fur le
membre caffé, en difant : GUÉRISON AU MEMBRE
CASSÉ, MOTAS VÆTA DARIES DARDARIES ASTATA-
RIES; vous répéterez ces paroles avec les deux autres perfonnes, jufqu'à ce que les extrémités des
deux morceaux du rofeau foient réunies, & vous
agiterez un fer par-deffus (3). Lorfque les extrémités en feront réunies, & que l'une aura atteint
l'autre, vous les prendrez & vous les couperez
de droite & de gauche, après quoi vous les attacherez au membre qui fera démis ou caffé; &
il guérira. Recommencez cependant tous les jours
ce charme, en difant pour un membre caffé,
GUÉRISON AU MEMBRE CASSÉ : OU AU MEMBRE DÉ-
MIS, s'il n'eft que démis : ou bien : HUAT HANAT
HUAT ISTA PISTA SISTA, DOMIABO DAMNAUSTRA;
& de même pour un membre démis : ou bien
encore : HUAT HAUT, HAUT, ISTA SIS TAR SIS
ARDANNABON DUNNAUSTRA.

----

point de boiter quelquefois, & qu'il fe fervoit de rofeaux
pour l'affermir. Ce remède d'Augufte étoit-il le même que
celui-ci?

(3) Cérémonie ridiculement employée comme pour menacer le rofeau. Nous en trouvons une pareille dans Palladius 1, 35 : où pour écarter la grêle, on leve des haches contre le Ciel, comme pour le menacer. Que de vai-
nes cérémonies dans le monde, qui ne doivent leur origine qu'à la frayeur, ou à la colere!

CHAPITRE

CHAPITRE CLXI.

(1) MANIERE de semer les asperges. Il faut bien labourer un terrein qui soit humide ou gras (2), après le labour on le distribuera en planches, de façon que l'on puisse y sarcler de droite & de gauche, & en arracher les mauvaises herbes sans marcher dessus. En traçant ces planches, on les éloignera l'une de l'autre d'un demi-pied dans toute leur longueur, ensuite on sémera les graines. Il faudra les mettre deux à deux ou trois à trois, en les allignant dans chacun des trous que l'on fera avec un plantoir, & que l'on recouvrira de terre avec le même plantoir, puis on répandra du fumier sur les planches après les avoir bien ensemencées. Après l'équinoxe du Printemps, quand les graines seront levées, on arrachera souvent les herbes, en prenant bien garde de ne pas arracher en même-temps les asperges; l'année où elles auront été semées, on les couvrira de

---

(1) Si nous en croyons Pline 19, 8, ce Chapitre est le dernier de tout l'Ouvrage de Caton, ce qui rend le suivant suspect : ou du moins est-on fondé à croire qu'il est déplacé.

(2) Pline, *ibid*, fait exiger à Caton les deux qualités à la fois dans le terrein destiné aux asperges, la graisse & l'humidité.

Tome I.   N

paille pendant l'hiver, de peur que le froid ne les brûle entiérement ; ensuite on les découvrira au commencement du Printemps, on les sarclera & on en arrachera les herbes. La troisieme année après qu'elles auront été semées, on y mettra le feu au commencement du Printemps, & on attendra qu'elles soient repoussées pour les sarcler, de peur d'endommager leurs racines dans cette opération. La troisieme ou la quatrieme année on pourra en cueillir, en les coupant sur la patte même, car si on les rompoit à fleur de terre, il se formeroit des souches qui les étoufferoient. On pourra en couper jusqu'au temps où on les verra monter en graine. C'est vers l'Automne (3) que leur semence est à son point de maturité. Quand vous l'aurez cueillie, mettez le feu au fanage, & lorsque les asperges commenceront à repousser, sarclez-les & fumez-les. Au bout de huit on neuf ans que le plan sera déja vieux, trayez-en une partie que vous mettrez dans un terrein bien labouré & bien fumé. Vous ferez à cet effet de petites fosses, où vous en planterez les pattes, de façon qu'il n'y ait pas moins d'un pied d'intervalle entre chaque patte. En les arrachant, creusez tout autour, afin de pouvoir les enlever plus facilement, & prenez garde de les rompre. Ayez soin d'y jetter le plus de crottes de brebis

---

(3) Pline, *ibid*, lui fait dire que c'est au Printemps, mais mal-à-propos.

que vous pourrez, c'est l'espece de fumier qui convient le plus à cette plante, car les autres fumiers engendrent trop d'herbes.

CHAPITRE CLXII.

MANIERE de saler des jambons dans une futaille ou dans une cruche. Lorsque vous aurez acheté vos jambons, vous en couperez les manches. Il faut employer pour chaque jambon un *modius* de sel Romain égrugé. Etendez d'abord une partie de votre sel au fond de la futaille ou de la cruche, après quoi vous y mettrez un jambon la peau tournée par en bas, & vous le couvrirez entiérement de sel. Vous en mettrez ensuite un second par-dessus, que vous couvrirez également de sel, en prenant garde qu'il ne touche le premier, vous les couvrirez ainsi tous de sel l'un après l'autre; lorsque vous les aurez tous arrangés, vous mettrez encore une couche de sel sur le tout, assez épaisse pour qu'on ne puisse pas les voir; il faudra que cette derniere couche soit de niveau. Quand ils auront été cinq jours dans le sel, vous les retirerez tous chacun avec leur couche de sel, & vous mettrez au fond ceux qui étoient auparavant par-dessus, en les arrangeant comme la premiere fois & en les couvrant de sel de la même façon; au bout de douze jours

au total, vous les retirerez, & après avoir essuyé
tout le sel qui sera dessus, vous les suspendrez
en plein vent pendant deux jours. Le troisieme
jour vous les essuierez bien avec une éponge, &
après les avoir frottés d'huile, vous les suspendrez
à la fumée pendant deux jours, le troisieme jour
vous les retirerez, frottez-les alors avec de l'huile & du vinaigre mêlés ensemble, & suspendez-
les dans la serre à provision : ni la teigne, ni les
vers ne s'y mettront.

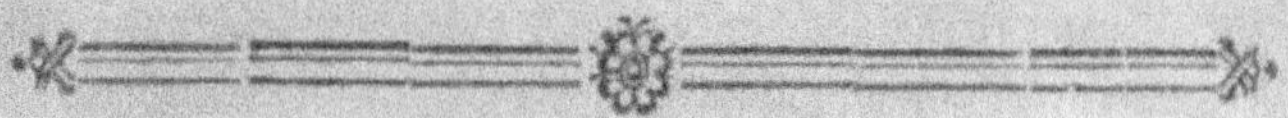

EXPLICATION RAISONNÉE

DES PLANS FIGURÉS

*Du Preſſoir à quatre équipages complets,
& du Trapete.*

En raſſemblant les divers paſſages où Caton parle du preſſurage, tant des olives que des raiſins, on apperçoit que les Anciens écachoient leurs raiſins comme leurs olives, avant que de les mettre ſons l'Arbre du Preſſoir, & que les *Trapetes* qui ſervoient à cela, étoient à peu près conſtruits de même, à tel de ces fruits qu'ils fuſſent deſtinés.

On voit encore, ou du moins on peut le conjecturer avec beaucoup de fondement, qu'ils mettoient bien du temps à deſſécher un tas, ſoit d'olives, ſoit de raiſins, & qu'ils n'en mettoient pas moins à le préparer par le *Trapete*, avant que de le porter au Preſſoir, puiſqu'il falloit pour un plan d'oliviers d'environ ſoixante de nos arpens, deux Preſſoirs & un *Trapete* pour chaque Preſſoir (Chap. III), pour un plan d'oliviers de cent vingt arpens, cinq Preſſoirs & cinq *Trapetes* (Chap. X), & pour un vignoble de cinquante arpens, c'eſt-à-dire, de deux cens cinquante de nos muids de produit, trois Preſſoirs & trois *Trapetes* (Chap. XI).

Il paroît de même que leur machine accumuloit la force motrice bien plus avantageuſement que les nôtres, & cela rend plus étonnante encore la multiplicité de ces machines dans leurs Métairies. Quoiqu'il en ſoit, voici l'idée qu'on peut se former du Pressoir que Caton avoit sans doute décrit correctement, mais qu'on ne peut aujourd'hui qu'entrevoir dans un texte corrompu de mille manieres différentes.

La principale piece de cette machine étoit une poutre très-grosse & très-longue : elle opéroit sur le tas à pressurer, de la même maniere que le levier du Maçon sur l'orgueil ou point d'appui, quand il est chargé sur sa pince d'une pierre de taille, & que le Maçon pese sur sa poignée, pour détacher de terre cette pierre & la soulever de quelques pouces. Il y a à la vérité cette différence, que la pierre a communément moins de pésanteur, que le point d'appui n'a de force pour résister à la charge, au lieu que dans la machine dont il s'agit, la partie que nous prétendons désigner par la pierre très-lourde, est inébranlable par la lourdeur, & que le tas à pressurer que nous figurons par l'orgueil, est très-compressible. Transportons donc l'idée de point d'appui ou d'orgueil à la pierre, & supposons que l'intention du Maçon soit de forcer l'orgueil à entrer dans la terre, ou si l'on veut de l'écraser ; & observons que dès-lors le point d'appui réel est sur le levier & non dessous comme il étoit, sur la pince du levier & non ailleurs. Il faut donc pour que notre Arbre écrase pour ainsi dire le tas, qu'il ait un point d'appui sur son gros bout, autrement dit son Pied, tandis que la force motrice oblige la pointe de descendre, comme fait la main du Maçon par rapport à la poignée de son levier : or ce sont les Jumelles qui donnent lieu à l'existence de ce point d'appui.

La force motrice n'étoit pas appliquée immédiatement à la pointe de l'Arbre, comme la main du Maçon à la poignée de son levier : les hommes qui manœuvroient à ce pressoir, étoient armés de grands Leviers ou barres, à l'aide desquelles ils tournoient un Treuil qu'aucune force ne pouvoit élever.

Les Poteaux étoient au Treuil sur l'avant du Pressoir & sous la pointe de l'Arbre, ce que les Jumelles étoient sur l'arriere par rapport au Pied de ce même Arbre. Or ce Treuil tiroit en contre-bas la pointe de l'Arbre par l'entremise d'un cable ; &

quand il falloit relever l'Arbre, on abandonnoit le Treuil à lui-même en arrachant les barres, & l'on ufoit de Mouffles qui, selon toute apparence, ne différoient pas essentielle-ment de celles dont nos Charpentiers font communément ufage. (Chap. III).

Quant au tas, foit de raifins, foit d'olives, il étoit ren-fermé dans des Cabas (Chap. CLIII), mais ces Cabas de quelque matiere qu'ils fuffent, n'auroient fû réfifter à la pouffée du marc, chargé aussi puiffamment qu'il le devoit être par cette machine, s'ils n'euffent été fecourus d'une corde de cuir de cinquante & tant de pieds de longueur (Chapitre CXXXV), dont on emmaillotoit, pour ainfi dire, le tas, en l'entourant d'autant de révolutions qu'elle en pouvoit fournir.

Ces Cabas s'oppofoient à ce qu'on recoupât le marc fitôt après la premiere ferre, & voilà la principale raifon de la longueur des preffurées, du moins de celles de raifins, d'au-tant plus qu'après avoir tiré du marc renfermé dans les Ca-bas, tout le vin qu'on en pouvoit exprimer de la forte, il falloit le développer des Cabas pour le mettre à nud fous le Preffoir, le preffurer de nouveau, le recouper même, peut-être plus d'une fois, afin d'en extraire le vin, qu'ils appelloient *tortivum circumcidaneum*, du Chap. XXIII.

Le tas à preffurer étoit formé fur l'Aire, or cette Aire étoit une portion ronde de la furface du fol, un peu renfoncée & pentive d'un côté; elle ne différoit du refte du fol du han-gard que par-là, & par un peu plus de fineffe dans l'enduit de ciment qui la formoit; cette Aire fe vuidoit dans le Baffin, qui étoit une foffe ronde comme l'Aire, profonde d'environ deux pieds, & revêtue du même enduit que l'Aire. Mais aidons-nous des Figures.

LA PL. I. repréfente le plan total du hangard garni de fes machines; les quatre Preffoirs y paroiffent en cou-pes horifontales faites à différentes hauteurs, fçavoir: (*Fig.* I.) à quelques pouces au-deffus du plein pied;

(*Fig.* II.) entre l'Arbre, & le Chapeau des Jumelles ;
(*Fig.* III.) au-dessus de la poutre de vingt-quatre pieds,
on n'y a néanmoins marqué qu'en ponctué les pieces qui
formoient le lit de la maçonnerie ; (*Fig.* IV.) dans la
hauteur de cette même maçonnerie. On voit de plus dans
la même planche les places des *Trapetes* au milieu.

La Pl. II. représente un de ces quatre Pressoirs en pers-
pective (*Fig.* I), & un *Trapete* en élévation moitié extérieure, moitié coupe (*Fig.* II).

Les mêmes lettres désignent les mêmes objets dans toutes les Figures où ils peuvent être visibles ; nous nous dis-
pensons par cette raison d'indiquer à chaque article, tant
la Planche que la Figure.

[A] ARBORES, les Jumelles. Deux pieds d'équarissage &
neuf pieds de hauteur, y compris le tenon qui les termine
supérieurement & la portion engagée dans les Patins : deux
pieds d'entre-Jumelle, & deux pieds d'éloignement des
murs.

[A] PEDICINUS LAPIS, Patins des Jumelles, autrement
dit, pierre creusée pour leur en servir (LAPIDES SILICES),
cotée par erreur sans doute P. V. Il est aisé de voir que
les Jumelles ayant, selon le commencement de ce Chapitre,
deux pieds de grosseur & autant d'intervalle, cette pierre ne
pouvoit pas avoir moins de six pieds & demi. Il faut remarquer [Aa] FORAMINA LONGA, l'entr'ouverture, autrement
dit, le logement des Aiguilles, de trois pieds neuf pouces en
hauteur sur six doigts de largeur : [Ab] FORAMEN PRI-
MUM la mortaise a un pied & demi de terre : [Ac] CA-
PITULUM, le Chapeau des Jumelles. La mortaise [Ab] dont
nous venons de parler, est destinée à recevoir le tenon de
l'entretoise qui forme le poitrail des Jumelles, piece absolument nécessaire pour relever l'Arbre, au lieu que l'entr'ouverture [Aa] est destinée à douze Aiguilles de six doigts
d'équarissage : il n'y en a que quatre d'employées, parce que
l'Arbre n'est pas abaissé sur le poitrail ; on peut, quand il

touche au poitrail, les placer toutes, vû que du poitrail au commencement de leur logement, il y a la hauteur de l'équarissage de l'Arbre. Il y en auroit cinq sous l'Arbre, s'il touchoit à Chapeau qui couronne les Jumelles.

[B] *STIPITES*, les Poteaux. Deux pieds de diametre & dix pieds de hauteur, y compris le tenon qui les termine supérieurement, & la partie engagée dans le Patin. Il faut observer 1°. la rondeur que nous leur supposons, non-seulement pour répondre au mot *stipes* qui veut dire souche, mais encore par une raison sans réplique que nous donnerons en son lieu, 2°. leur distance des Jumelles que nous avons portée à dix-huit pieds, au lieu des seize du texte ; la raison que nous venons d'annoncer est encore celle qui nous porte à ce changement, mais nous sommes forcés de la placer ailleurs, enfin leur hauteur d'un pied en-sus des Jumelles pour racheter celle du Chapeau de celles-ci, vû qu'ils en sont dépourvus en faveur du jeu de l'arbre en sa pointe.

[*B*] *SILEX*, Patin des Poteaux, ou Dés dans lesquels leur pieds sont entaillés.

[C] *SUCULA*, le Treuil. Neuf pieds de longueur, sans compter celle de ses tourillons. Il faut en observer les colets [Cd] que nous avons suppléés, ainsi que les liens en contre-fiches, qui les assujétissent par-dessus & en contrebas, de maniere à résister à tout effort tendant à l'élever ; nous nous sommes fondés dans cette addition sur ce qu'il étoit hors de toute vraisemblance, qu'on eût prolongé jusqu'à vingt-cinq pieds un Arbre, auquel vingt & un pied quelques pouces selon le texte, ou vingt-trois & demi suivant notre correction auroient suffi, si le Treuil avoir été appliqué aux Poteaux. Enfin nous l'avons placé très-près de terre : nous devions même l'en approcher davantage, vu que le pied de l'Arbre descend à vingt-quatre pouces près de ce même niveau.

[D] *PRÆLUM*, l'Arbre. Vingt-cinq pieds de longueur, y compris la partie engagée entre les Jumelles *LINGULA*, laquelle a deux pieds & demi de longueur, avec un pouce de liberté, Chap. XIX. Il faut obſerver les épaulemens latéraux [Df] qui l'empêchoient de s'engager trop avant dans les Jumelles,& la clef en arriere [Dg] qui l'empêche de ſe dégager de deſſous les Aiguilles. Le texte ne parle point de ces derniers objets. On voit à ſa pointe le cable à l'aide duquel on l'abaiſſe : on ſuppoſe l'Arbre formé, comme ils le ſont de nos jours, de quatre tiges équarries, réunies par côté les unes aux autres, & liées enſemble par des clefs de bois qui traverſoient, celles-ci les deux tiges inférieures, celles-là les deux ſupérieures, d'autres les deux de devant, d'autres enfin les deux de derriere; ces clefs avoient une tête, & recevoient en l'autre bout une clavette ou un coin, ce ſont là les *confibula* & les *cunei* du texte, Chap. XII. Dans la *Fig.* III, la ſurface ſupérieure de l'Arbre eſt interrompue par le Chapeau des Jumelles & par une poutre dont nous rendrons compte. Dans la *Fig.* II. Pl. I. on n'en voit qu'une très-petite partie près de la pointe, & d'autre part le bout du pied.

[EE] *SUMMA TORCULARIO LATITUDINE*, longueur toſe du hangard, ſoixante & ſix pieds. Nous admettons cette longueur comme juſte, mais non la largeur.

[EF] *PAVIMENTUM BINIS VASIS*, la ſurface du hangard qu'occupent deux Preſſoirs & deux *Trapetes*, y compris les dégagemens néceſſaires pour chacun des deux équipages complets, longue de trente-quatre pieds ſelon le texte, mais par erreur, puiſque la moitié de ſoixante & ſix n'eſt que trente-trois.

[GG] *TRAPETIBUS LOCUS*, eſpace ménagé entre l'un & l'autre Preſſoir d'une des couples, pour loger les *Trapetes*, long de vingt pieds.

[HH] *VECTIBUS LOCUS*, paſſage des voitures. Ce *vectibus* ne peut pas s'entendre des Leviers, car la manœuvre des Leviers ne devoit pas ſe faire de ce côté, ſinon les deux Preſſoirs oppoſés par bouts, n'auroient pas pû travailler enſemble : ainſi nous l'entendons comme s'il y avoit *veſtis*, ou que du temps de Caton *veſtus* fût un ſubſtantif déclinable comme *fructus*, ce qui n'eſt pas hors de vraiſemblance. Mais cet eſpace n'avoit pas vingt-deux pieds comme porte le texte, il en avoit dix-huit ſeulement ; nous le verrons bientôt.

[II] *AB STIPITE EXTREMO AD PARIETEM*, eſpace entre la paire de Poteaux les plus éloignés des premieres Jumelles d'où l'on eſt parti, juſqu'à la muraille qui eſt derriere les Jumelles oppoſées aux premieres, c'eſt-à-dire, entre la paire de Poteaux & le mûr d'ados des Jumelles du même Preſſoir. Le texte ne donne que vingt pieds à cet eſpace, mais nous lui en donnons vingt-deux, toujours par la raiſon que nous ſommes obligés de renvoyer encore.

[JJ] *SUMMA TORCULARIO LONGITUDINE*, largeur néceſſaire au hangard. Certainement *l'uti contractiora fient* du commencement du Chap. XVIII, ſeroit bien mal rempli, ſi le texte n'étoit ici corrompu comme en mille autres lieux. Nous avons réduit cette meſure à trente-ſix pieds ; ſeize pieds de moins que ne porte le texte où il eſt coté P. LII.

[KL] *TRABES PLANA*, un des quatre tours de poitrails : il eſt déſigné en ponctué en KKL *Fig.* I. pour une des deux poutres abouties, & en LLK *Fig.* II. pour la ſeconde de ces poutres complétant un des deux cours néceſſaires pour deux Preſſoirs établis bout à bout. Le cours qui complette cette premiere paire, eſt déſigné par les mêmes lettres & en ponctué. Les deux cours des deux autres Preſſoirs ſont auſſi déſignés par les mêmes lettres, mais en lignes pleines, *Fig.* III & IV, à la réſerve de ce que cache le maſſif de maçonnerie que préſente la derniere. On voit ces deux cours par côtés, PL. II. *Fig.* I : nous avons déchiré l'antérieure à l'effet de découvrir les Mouſſes.

Nous les ſuppoſons ici compoſés chacun de deux poutres ſeulement, ils pouvoient l'être de trois : dans le premier cas chaque poutre, selon le texte, avoit trente-sept pieds de longueur ; & il n'y avoit rien de trop : en effet les deux formoient par-là soixante & quatorze pieds ; mais, dira-t-on, le logement n'en avoir que soixante & six, voilà donc en apparence huit pieds de trop : mais il faut observer que cette charpente, destinée à porter sur chaque Pressoir un massif de maçonnerie de quarante milliers de poids au moins, n'auroit eu aucune solidité faute de liens & de contrevents, si ces poutres n'eussent été entées l'une à l'autre pour ne faire qu'une seule piece, & si de plus elles n'avoient eu de franches & bonnes portées sur les murs de pourtour du hangard ; or deux pieds ôtés de huit pour les portées, reste six pour les entures, il n'y a rien de trop.

Voyons de quelle longueur ces poutres devoient être dans le second cas, c'est-à-dire, lorsqu'elles étoient composées de trois entées par entailles. Il est clair qu'il s'agit ici de suppléer à des poutres de trente sept pieds de longueur, pour former les quatre cours de poitrails, qui demandoient huit poutres de cette mesure. Mais le texte ne donne à chacune des trois qui doivent équivaloir à deux, que vingt-deux pieds de longueur, & ce n'est pas assez, car les trois aboutées ne font que soixante & six pieds, & ce n'est-là que la mesure du vuide, il ne reste rien pour les entures, ni pour les portées dans les murs, néanmoins nous voyons clairement que la mesure soixante & six pieds est exacte, & cadre avec la longueur des Arbres & les autres principales mesures, même avec celles qui font le plus visiblement falsifiées dans les détails : car, si c'est afin que cette longueur de vingt-deux pieds fût suffisante, qu'on n'a mis que seize pieds entre les Jumelles & les Poteaux du même Pressoir, on ne s'est pas accordé avec soi-même, car on a ensuite mis vingt-deux pieds entre les deux paires de Poteaux opposées en face, or deux fois seize & vingt-deux font cinquante - quatre, qui joints à quatre fois deux, ou huit pour les diametres des Jumelles & Poteaux, & à deux fois deux, ou quatre pour les intervalles des Jumelles aux murs, font soixante & six : or s'il y a vingt-deux pieds de distance entre Poteaux, surquoi portera la poutre de vingt-deux pieds qui doit s'étendre de l'un à l'autre. Il est donc bien visible que la plupart de ces mesures sont corrompues, & qu'on ne doit faire de fond sur aucunes de celles qui sont articulées dans le texte, à moins qu'elles ne s'accordent avec un système possible en tous ses détails. Celui que nous avons adopté nous semble tel, & nous n'avons pû concevoir que celui-là, dont les parties ne fussent pas en contradiction les unes avec les autres.

Selon notre système, une des plus importantes fonctions des Poteaux étoit de guider la pointe de l'Arbre, de façon qu'il pût monter & descendre sans gêne, mais non se porter soit à droite, soit à gauche, de plus d'un pouce ou deux : sans cela, pour peu que le tas à pressurer eût été plus compressible d'un côté que de l'autre, inconvénient inévitable, il se seroit éboulé, l'Arbre seroit tombé de côté, ou du moins eût singuliérement forcé les Jumelles. Voilà la raison principale de l'approximation des Poteaux dans notre dessein, surquoi le texte au surplus nous laissoit toute liberté.

Nous les mettons à dix-huit pieds de leurs Jumelles, c'est-à-dire que nous partageons en trois intervalles égaux la longueur qui se trouve entre une paire de Jumelles & la paire qui lui est opposée en face, (intervalle de cinquante-quatre pieds, reste de soixante & six ayant soustrait douze pieds pour les diametres des Poteaux, des Jumelles & l'écartement du mur de celles-ci, & dont le tiers est dix-huit), nous avons, disons-nous, mis dix-huit pieds au lieu de seize, entre les Jumelles & leurs Poteaux 1°. parce que l'Arbre, à vingt-cinq pieds de longueur totale, est visiblement plus court que long, relativement au reste de l'édifice & à sa destination ; 2°. parce que les anciens entendoient trop bien ce qu'ils faisoient pour réduire un Arbre ou quatre Arbres jumellés, à une équarissage parallele, ayant à en faire un levier, dont les bras pouvoient, sans rien perdre de la

force qui leur étoit nécessaire, diminuer bien plus sensible-
ment en tirant à leur pointe, que les Arbres ne diminuent
naturellement ; 3°. parce que ce levier ayant deux pieds de
largeur entre les Jumelles, ne pouvoit pas en avoir moins de
deux & demi en avant des Jumelles, pour fournir aux épaulemens latéraux indispensablement nécessaires, & que si cette
partie de l'arbre eût passé franchement entre les Poteaux,
ces Poteaux auroient laissé trop de jeu latéral à la pointe ;
4°. parce qu'on ne pouvoit employer toute la longueur de
l'Arbre en qualité de levier en bascule, laissant les Poteaux
à seize pieds, sans allonger outrément les colets du Treüil,
conséquemment sans les trop affoiblir ; 5°. enfin, parce qu'il
eût fallu démolir toute la machine pour en renouveller l'Arbre, s'il n'y eût eû que seize pieds entre les Jumelles & les
Poteaux : or cet Arbre cassoit quelquefois, car il est recommandé dans le texte d'en avoir un, toujours prêt à être subs-
titué à celui qui viendroit à se briser, Chap. XII. C'est encore pour faciliter l'introduction du nouvel Arbre que nous
arrondissons les Poteaux ; il est visible que leur équarrissage
eût été un obstacle, car malgré les dix-huit pieds que nous
donnons au lieu de seize, malgré tout l'avantage qu'on
pouvoit tirer de l'exhaussement de la pointe jusqu'aux poitrails, tandis qu'on laissoit traîner le pied, il n'y avoit effectivement que la place absolument nécessaire pour cette
introduction, & l'équarrissage des Poteaux l'eût rendue in-
suffisante. Mais, dira-t-on peut-être, l'Arbre n'avoit que
faire d'être guidé en sa pointe, les Jumelles puissantes,
comme elles le sont, devoient suffire, elles n'avoient pas
un Chapeau pour rien, les poitrails pouvoient porter en en-
corbellement dessus ce Chapeau, & répondre aux Poteaux
écartés l'un de l'autre de toute la longueur du Treüil, qui
seroit bien plus conforme à l'usage, tant des Anciens que des
Modernes, s'il avoit ses tourillons à ses bouts, l'Arbre alors
auroit été introduit le pied premier entre les Poteaux.

Il eût donc fallu mettre neuf pieds entre les Poteaux, &

donner trois pieds & demi de portée sur le vuide au Chapeau des Jumelles ; donner treize pieds de largeur à une machine qui en a assez de six. Regardera-t-on comme une fausse cotte les VIIII. du Treuil outre ses tourillons? mais le cable en devoit occuper au moins quatre pieds dans le milieu, & il n'en falloit pas moins de deux à chaque bout pour le jeu des Leviers gêné par les Poteaux ; ces mesures porteroient toujours la largeur totale de la machine à douze pieds au lieu de six qui lui suffisent, & la largeur du hangard a plusieurs pieds de plus que le nécessaire, non cependant jusqu'aux LII du texte. Mais, ce qui est décisif, toute la longueur de l'Arbre n'eût pas été mise à profit, ou les colets du Treuil prolongés jusqu'à plus de quatre pieds, eussent été fort chancelans, laissant de côté l'impossibilité réelle de supprimer les guides de la pointe de l'Arbre, sans s'exposer à des accidens toujours préjudiciables & quelquefois funestes. Si donc nos changemens dans le texte sont visiblement autant de corrections bien fondées, celles qui concernent les poutres, dont trois doivent suppléer à deux de trente-sept pieds de longueur, ne sont pas moins légitimes : il est évident que si, le fort emportant le foible, de deux mesures Caton n'a pris que la plus forte, il a dû écrire vingt-cinq pieds de longueur, au lieu de vingt-deux. Mais peut-être avoit-il écrit deux de vingt-cinq & une de vingt-deux, & que ce passage a comme tant d'autres été défiguré par les Copistes.

[M] Portée des cours de poitrails sur les murs du pourtour : chacune des deux poutres qui forment un cours, passe du mur sur le Chapeau des Jumelles à l'aplomb de ces piliers, ensuite sur les Poteaux dont le diametre est égal à la largeur du fardeau qui les charge, & enfin s'ente à sa seconde dans le milieu de leur largeur commune.

[N] *TRABECULA*, autre poutre servant d'etressillon entre un Pressoir à droite & un à gauche, & posée entre le passage des voitures & le mur. Cette poutre est indiquée en *N* par des lignes ponctuées, & c'est le lieu qui semble prescrit par le texte, si nous entendons ici par *Canales* les Bassins des Pressoirs ou leurs fosses, comme il faut l'entendre plus bas par *Canalis rotunda*. Mais elle ne pouvoit pas servir de Chapeau aux Jumelles, premierement parce qu'elles n'avoit qu'un pied & demi d'équarrissage, les Jumelles en ayant deux, secondement parce qu'elle n'avoit que vingt-trois pieds & demi, ou vingt-quatre selon une autre leçon, & qu'il lui en eût fallu trente-quatre; elle n'eût servi de rien dans les deux pieds qui séparent les Jumelles du mur, ce mur faisant avec le plus grand avantage ce que cette poutre, qu'on ne peut considérer que comme un étresillon, pouvoit faire. Mais il est visible qu'elle n'étoit pas sans utilité à quelques pouces au-delà du milieu de l'intervalle, qui se trouve entre le mur M & la ligne capitale RR, qui divise en deux parties égales la longueur du hangard. Voyez N. Nous sommes donc forcés de traduire ici *Canales* par le passage des voitures : effectivement le poids des voitures creusant le terrein, ce passage avoit l'air d'un canal relativement au reste du plein-pied.

Ce n'est pas tout, *sub* ne veut pas dire dessous, car certainement ces poutres sous les poitrails n'auroient aucun soutien; d'un autre côté, si on les suppose sur le Chapeau des Jumelles sous les poitrails, elles en faussent l'appui; il est donc bien évident qu'il faut ou lire *super*, ou donner à *sub* la même signification, ce qui n'est pas sans exemple dans l'ancienne latinité.

[O] *IN IIS TRABECULIS TRABES*, bouts de poutres ou forts madriers, dont nous avons besoin ici, 1°. pour completer la charpente & former sur ces poitrails, qui laissent entr'eux un vuide de deux pieds, le lit de la maçonnerie suspendue, 2°. pour fournir des points de suspension aux Mouffles, 3°. enfin pour prolonger la piece N par les deux bouts, à l'effet qu'elle contrebutte les deux Pressoirs opposés par flancs de dehors en dedans, comme elle les contrebutoit de dedans en dehors. Je veux dire qu'il est nécessaire qu'un bout de bois de l'équarrissage de l'étresillon ou du moins approchant, s'aboutisse à cette piece par entaille à mi-bois sur le poitrail où elle arrive, si elle a vingt-quatre pieds comme on le lit dans quelques Editions, s'étende en droite ligne par-dessus le second cours de poitrails, & pénetre au moins de demi-pied dans le mur, comme nous l'avons figuré en O.

[Œ] *Parietes*, Murailles, ou plutôt massif de maçonnerie qui devoit peser au moins quarante milliers. Nous chargeons les pieds de nos Jumelles, c'est ce que nous nommons les enraciner, les Anciens en chargeoient la tête ; les nôtres sont des tirans, les leurs étoient des pieds-droits, des piliers, & des piliers très-chargés : car, pour résister à l'effet des leviers combinés qui composoient cette machine, il n'y avoit pas trop de quarante milliers de poids en maçonnerie sur un Pressoir médiocre. Voyez *Fig.* IV. Pl. I, & *Fig.* I. Pl. II. Nous n'avons pas cru que ces massifs de maçonnerie s'étendissent au-delà de l'aplomb des Jumelles & des Poteaux, vû l'inutilité d'une telle prolongation pour l'effet des machines, & la privation des jours élevés qu'elle auroit occasionnée.

[P] *Area*, l'Aire qui tenoit lieu de notre maie, elle est cottée six pieds de diametre, & cela suffisoit bien pour l'olive : il y a lieu de croire que pour le raisin elle étoit plus grande.

[P] *Canalis*, le Bassin dans lequel l'Aire se vuidoit, & où l'on puisoit la liqueur exprimée : il n'avoit que faire des quatre pieds & demi de diametre que lui donne le texte, mais la profondeur étoit essentielle, & il n'en est rien dit suivant la leçon commune, c'est pourquoi nous prenons trois pieds pour le diametre, & le pied trois quarts restant pour sa profondeur, en lisant *latum* P. III. *altum* P. IS═

[Q] *Cæterum pavimentum*, le Pavé général de la totalité du hangard, différent de celui des maies ou Aires,

Tome I.   O

& des Baſſins qui étoit de ciment de têts poli à l'huile : en effet ce pavé général n'étant qu'en ciment ordinaire, nous perſuade que l'*arida teſta* qu'on employoit pour former l'enduit de l'Aire & du Baſſin, doit être rendu par ciment de têts, lequel étoit inconteſtablement le meilleur, vû que la poterie étoit de bien meilleure terre que les briques & les tuiles, & que la cuiſſon en étoit bien plus parfaite.

[RR] Ligne capitale du plan paſſant par le milieu de l'une & de l'autre porte à charrois, & diviſant en deux parties égales la longueur du hangard.

[T] *TRAPETI*, les quatre *Trapetes*, ſçavoir : un en T¹ dépouillé de tout agrais & réduit au Baſſin, *MORTARIUM* : un en T² avec l'Eſſieu ſeulement, *CUPA* : un en T³ avec l'Eſſieu chargé des deux Meules, & rangé de maniere à montrer qu'ils ne gênent ni les voitures dans leur paſſage, ni le jeu de celui qui les avoiſine : enfin un en T⁴ rangé à deſſein de faire appercevoir les manœuvres aux Preſſoirs.

Mais avant de paſſer aux *Trapetes*, il nous reſte à expliquer le ſurplus des détails du Preſſoir, qui ſont rappellés par la *Fig.* I. de la PL. II. ſçavoir :

[α] *VECTES*. Les barres ou Leviers à l'aide deſquels on tournoit le Treuil. Nous avons ſuppoſé au Treuil les deux Leviers de douze pieds.

[β] La corde des Leviers que nous entendons par *CAPISTRUM* : il eſt facile de voir que ſans cette corde la longueur de ces barres eût été inutile.

[λ] Les Leviers de dix pieds avec leur corde, & ceux de huit pieds ſans corde, vû leur peu de longeur, figurés dreſſés contre le mur du Preſſoir.

[γ] *FUNIS LAUREUS*, Chap. XII. les deux montans du Cable qui du Treuil s'éleve en double pour embraſſer la pointe de l'Arbre, où ſans doute il étoit fixé.

[δ] *TROCHLEÆ*, les Mouſſes au-deſſus de cette même pointe qui ſervent à relever le Cable : la corde de ces Mouſſes eſt double, & pend en arriere des deux montans du Cable; une partie de ces objets se trouve dessinée sur un des ventaux de la porte d'entrée. Les hausses sous la poutrelle qui suspend les Moufles, étoient si naturelles à imaginer, & si nécessaires pour ne pas perdre une partie très importante du jeu de l'Arbre, que nous n'avons pû nous refuser à ce supplément.

[*] *ASSERCULUM*, le Pied-droit sur lequel nous supposons qu'on mettoit l'Arbre en bascule, quand il falloit commencer une serre ou achever de le relever : il seroit sous sa pointe entre les Poteaux, s'il s'agissoit de soulager les Moufles ou de les serrer dans le *CARNARIUM* du Chapitre LXIII.

[*] *ORBIS OLEARIUS*, la Table de charge qui recouvroit le cas à pressurer.

[*] *FISTULÆ*, huit Aiguilles dressées contre le mur, n'y en ayant que quatre sous l'Arbre ; il y en auroit cinq s'il touchoit au Chapeau. Il n'y a place pour les douze, que quand l'Arbre repose sur le poitrail des Jumelles.

Nous avons représenté PL. II. un Pressoir à huile, & non un Pressoir à vin ; ces derniers différoient essentiellement des autres, comme on voit par le Chap. XIX *In vasa vinaria*, &c. passage que nous avons ponctué tout autrement qu'il ne l'est dans le texte, en ajoutant au mot *absunt* celui de *Capitulo*, fondés sur l'impossibilité de trouver aucun sens à la phrase sans ces changemens, & sur ce qu'elle en présente un très-juste à l'aide de ces corrections. En effet, les sacs d'olives n'ayant jamais à s'affaisser beaucoup à chaque serre, l'Arbre du Pressoir à huile n'avoir jamais de grands arcs à parcourir. Mais les pressureurs eussent été exposés à se heurter la tête sous l'Arbre élevé au plus haut de son chemin, si leur manipulation les eût obligés de travailler sous une poutre aussi-près de terre, aussi ne l'exigeoit-elle pas, mais celle du pressurage du raisin en fit une nécessité ; il fut de tout temps indispensable de travailler sous l'Arbre pour former le sac, le couper, le relever : voilà donc une cause de l'exhauſſement preſcrit. Mais pourquoi deux pieds ? pourquoi cette Aiguille particuliere ?

Obſervons d'abord que ſi le repos de l'Arbre fût reſté fixé ſous le Chapeau immédiatement, l'exhauſſement en queſtion n'eût produit qu'un excès de liberté ſous cette piece, & que cette même piece étant appuyée en baſcule ſur ſon pied-droit, n'auroit eu, comme celle du Preſſoir à huile, qu'un pied de liberté pour élever ſa pointe à l'effet d'abaiſſer ſon Pied & de commencer une ſerre : or il eſt clair que ce premier temps de chemin, ſuffiſant pour une preſſurée d'olives, ne peut jamais ſuffire pour une preſſurée de raiſins. Cette Aiguille étoit donc ajoutée pour fixer le repos de l'Arbre à un pied & demi plus bas, reſpectivement aux poitrails, que dans les Preſſoirs à huile ; pour donner à cet Arbre deux pieds & demi de jeu au lieu d'un, en même-temps qu'en mettant ſix pouces de plus entre le corps de l'Arbre en ſon repos & le ſol, on obvioit à tout danger de ſe heurter la tête en travaillant ſous ce même Arbre. Quant à l'Aiguille, c'eſt moins pour lui donner de la force, que pour la rendre ſtable en ſon logement, qu'on lui a donné plus d'équarriſſage qu'aux autres, en effet de la différence de ſix doigts au demi-pied, il réſultoit de chaque côté un épaulement de neuf lignes de ſaillie, pour ſoutenir l'Aiguille & l'empêcher de deſcendre avec le Pied de l'Arbre.

PASSONS enfin au *Trapete*, & jettons les yeux ſur le bas de la PL. II. *Fig.* II.

[U] MORTARIUM, élévation par moitié de l'extérieur du Baſſin d'un *Trapete*.

[U] Coupe correſpondante. On y diſtingue en [ua] LABRUM, la coupe du rebord, par laquelle on peut juger de la forme que nous ſuppoſons à cette partie, ſur les raiſons que nous donnerons ; le texte ne l'indique point : en [ubb] la largeur du champ du Baſſin : en [uc] MILLARIUM, la moitié de la coupe du Miliaire : en (ud) la moitié de la largeur de la Boëte centrale, dans laquelle étoit reçu le pied de la Colomne, & les coins de saule qui la maintenoient dans son aplomb.

[V] *COLUMELLA*, moitié de l'extérieur de cette Colomne.

[*V*] Coupe correspondante. La Colomne est le principal axe de mouvement de la machine.

[W] *CUPA*, moitié de l'extérieur de l'Essieu. Cette piece forme en même-temps l'Essieu des deux Meules & les bras de levier, à l'aide desquels on les tourne. L'Essieu est l'axe horizontal de leur rotation, comme la Colomne est l'axe vertical de son mouvement circulaire.

[*W*] Coupe correspondante. La Colomne étoit reçue dans l'Essieu [W] percé pour cet effet dans son juste milieu, & garni dans son trou d'une Boëte ou Canon de fer, *FISTULA FERREA*: on voit la coupe de cette Boëte en [e]; elle étoit retenue inférieurement par une Platine de fer percée, *TABULA FERREA*: on voit la coupe de cette Platine en [f], & celle des Lames, *LAMINÆ*, qui revêtissoient les deux parois transverses du Trou quarré percé dans l'Essieu, *FORAMINA*.

[X] *ORBIS*, extérieur d'une Meule en place.

[*X*] Coupe correspondante. On voit en [g g] *MODIOLUS*, la coupe du Moyeu d'olivier *ORCHIS*; on voit que les Meules ne touchoient point au champ [b b] du Bassin, ni au Miliaire [c], ni au rebord [a]; mais malgré le doigt de liberté recommandé par le texte entre les Meules & cette derniere partie, elles ne pouvoient faire leurs révolutions sans toucher au rebord, à moins qu'il ne fût formé comme la figure le désigne, & que les Meules ne fussent délardées tout-au-tour: les Anciens leur donnoient réellement cette forme, puisque Caton parlant de leurs dimensions au sortir de la carriere, leur donne plus d'épaisseur que de largeur au Bassin, dans lequel elles doivent rouler, Ch. CXXV.

Il falloit des Rondelles, *ARMILLÆ*, entre l'épaulement de l'Essieu & la Meule, pour préserver l'un & l'autre d'une trop prompte usure, & pour ranger la Meule dans le plan vertical diftant d'un doigt de celui du Miliaire , comme s'il en falloit entre la Meule & l'S, *CLAVUS*, qui la retenoit en place ; on voit les coupes des premieres en [h] pour un côté, & en [i] pour le côté oppofé , comme on voit en [k] celle de l'S. On n'a point figuré les quatre pieces de fer en forme de Goutiere, *IMBRICES*, dont la partie de l'Eſſien deſtinée à remplir le Moyeu devoit être revêtue , & l'on ne voit qu'une très-petite partie de la Frette, *FORAMEN IMBRICIUM*, qui embraſſoit ces quatre pieces à la ſortie du Moyeu en [l], du côté [X]. Mais il eſt facile de ſup-pléer à la figure, & de ſe former une idée juſte & claire de cette armature.

[Y] *CUPULÆ*, Pieds-pendans, dependances de l'Eſſieu.

[*Y*] Coupe relative, par laquelle l'on voit de quelle ma-niere ces pieces ſont taillées, pour s'implanter dans les trous garnies de lames de fer, & s'attacher fermement à l'Eſſieu.

Il eſt évident par le texte que la perfection du *Trapete* réſidoit principalement dans la juſteſſe avec laquelle les Meules faiſoient leurs révolutions, en obſervant conſtam-ment un intervalle d'un doigt entre leur ſurface poſtérieure & le Miliaire, antérieure & le rebord, cylindrique & le fond du Baſſin , & cela crainte qu'elles ne caſſaſſent les noyaux des olives. Il s'enſuit que ces Meules , malgré leur poids qui, pour chacune, ne s'écartoit gueres d'un millier, étoient ſuſpendues à leur Eſſieu toutes les fois qu'elles n'a-voient aucune réſiſtance ſous elles, auſſi cet Eſſieu étoit-il garni de fer, en-deſſus pour tous les cas où il devoit ſuſ-pendre les Meules, en-deſſous pour tous ceux où les fruits à triturer devoient ſoutenir les Meules, & par leur entre-miſe ſolliciter l'Eſſieu à s'élever, comme il en étoit garni en avant & en arriere, parce que, ſans doute, on tournoit les Meules, tantôt en un ſens, tantôt en l'autre. Il falloit donc que cet Eſſieu fût lui-même ſuſpendu par la Colomne ou par quelqu'autre appui ; ſi c'étoit par la Colomne, la Platine [f] étoit une Platine de frotement, & repoſoit ſur un épaule-

ment fourni par la Colomne. Mais alors que voudront dire
les phrafes *inter cupam dextra finiftra pertundito*, & *fi or-
bes altiores erunt ?* à quoi bon, difons-nous, ces trous intérieurement garnis de fer & percés en-deffous de l'Effieu ;
car *replicato in inferiorem partem*, ne laiffe plus de doute qu'entre le deffus & le deffous ; mais ces trous en-deffus
n'offrent aucune idée, qu'on puiffe concilier avec celles qui
réfultent des paffages clairs de ces Chapitres, or de quoi
ferviroient ces trous dans le cas où l'Effieu, défendu par
une bonne Platine de frottement, tourneroit fur un épaulement fourni par la Colomne, & comment releveroit-on
l'Effieu & les Meules en appliquant fur le Miliaire de petits
Ronds de bois percés & enfilés par la Colomne, *orbiculos
ligneos ?* Sur ces confidérations nous avons conçu ces trous
en-deffous de l'Effieu, & entendu par le mot *cupula*, des
pieces de bois formant deux groffes exubérances fous l'Effieu, & attachées au moyen d'un de leurs bouts, taillé en
tenon quarré & ajufté au trou qui le reçoit, pieces pen-
dantes non jufqu'au Miliaire, mais jufqu'au Tourteau fupérieur d'un tas de Tourteaux appliqués les uns fur les autres
fur le Miliaire, & enfilés par la Colomne, pour fervir de
palier à ces exhubérances. Nous nous les figurons, difons-
nous, frottantes en gliffant fur le Tourteau fupérieur, dont
l'épaiffeur jointe à celle des autres Tourteaux, à la longueur qu'elles ont elles-mêmes, & à la hauteur du Miliaire,
forme précifément celle qu'il faut pour foutenir les Meules
à un doigt du champ du Baffin. Le frottement ufoit les pieds-
pendans de l'Effieu & le Tourteau fupérieur. La précaution
qu'on prenoit pour la confervation du trou, vient à l'appui
de l'idée que nous nous formons de leur fréquent renouvel-
lement : mais les Tourteaux ne devoient pas s'ufer beaucoup moins vîte, & pour en enfiler un, il falloit démonter
toute la machine, ce qui ne s'accorde pas fi bien avec notre
idée, néanmoins il faut confidérer que le Tourteau fupérieur pouvoit être fait de tel bois, & avec tel foin, qu'il

durât plufieurs années; dès-lors il pouvoit être d'une feule piece, & placé avant l'Effieu; les autres étoient en deux moitiés femi-circulaires, on les gliffoit fous le premier, minces ou épais comme il le falloit & fitôt qu'il en étoit befoin, fans rien démonter. On plaçoit de même, fans rien démonter que les Tourteaux de deux pieces, de nouveaux pieds-pendans, s'il le falloit.

[Z] ORBICULUS LIGNEUS, Tourteau de bois fur lequel les pieces [Y] frottent & gliffent circulairement, en conféquence du mouvement de l'Effieu.

[Z] Coupe relative : au deffous de ce Tourteau principal, on en voit de minces : ceux-ci, felon nous, font de deux pieces femi-circulaires, pour qu'on pût les mettre & les ôter fans rien démonter, ce qui n'étoit praticable que par ce moyen feul. Quant à celui fur lequel gliffent les pieds-pendans, il duroit fans doute long-temps, mais il falloit tout démonter quand il s'agiffoit de le renouveller, nous penfons en effet qu'il étoit d'une feule piece : on renouvelloit les pieds-pendans fans démonter autre chofe que les Tourteaux en deux pieces, pour rabaiffer le Supérieur jufques fur le Miliaire.

Fin du Tome premier.

TABLE
ALPHABÉTIQUE
Des poids, mesures & monnoies, avec leurs valeurs actuelles.

*A*CETABULUM, Chap. 102, 108. Mesure ainsi nommée *ab aceto*, parce que c'étoit dans l'origine un petit vase dans lequel on mettoit le vinaigre, qui servoit de sausse à la plupart des alimens. On voit dès-là que sa contenance étoit indéterminée dans l'usage commun : mais cependant Pline 21, 34 dit que l'*Acetabulum* valoit dans le commerce le quart de l'*Hemina* (*V. HEMINA*); si on veut par conséquent le rapporter à l'*Amphora*, sur laquelle se régloient toutes les autres mesures, pour trouver sa valeur, il en étoit la 384me partie. Nonobstant l'étymologie du mot, cette mesure servoit également à mesurer des corps solides, comme des liqueurs. Chez nous les Apoticaires se servent, pour les choses liquides, d'une mesure qu'ils appellent *Acetabule.*

*A*MPHORA, Chap. 10, 11, 13, 36, 57, 88, 105, 113, 115, 120, 127. C'étoit la principale des mesures Romaines pour les liqueurs, comme pour les corps solides, & celle sur laquelle se régloit la contenance de toutes les autres mesures. L'*Amphora* étoit un vase de forme cubique, dont chaque côté avoit un pied Romain, & qui contenoit 80 livres Romaines d'eau commune ; si l'on fait la réduction de ces 80 livres Romaines aux nôtres, conformément à la valeur que nous donnons à la livre Romaine au mot *LIBRA*, & que l'on s'en tienne à l'expérience de M. Picard, qui a trouvé que 171 ½ pouces cubiques d'eau de la fontaine d'Arcueil, mesure de Paris, pesoient 6 3 6 50 grains, on trouvera que l'*Amphora* contenoit 1 348 pouces cubiques d'eau, ou un peu plus de 28 pintes de Paris, la pinte étant de 48 pouces cubiques. Il y avoit des *Amphoræ* de toute sorte de matiere : on en voit même dans Caton de genest d'Espagne, Chap. 11, qui étoient sans doute enduites convenablement, afin qu'elles pussent contenir les liqueurs. La plupart à cause de leur pesanteur, étoient garnies d'anses, Chap. 113 ; leur forme varioit aussi : il y en avoit dont l'ouverture étoit large, Chap. 11, & d'autres dont l'ouverture étoit longue & étroite, & pouvoit recevoir un bouchon, Chap. 88, 120, 127. Il paroît que celles qui servoient à mesurer l'huile, Chap. 10, 12, étoient distinguées des autres, non - seulement par leur usage, mais peut-être encore par leur forme, ou même par leur contenance, d'autant que les Romains donnoient assez indifféremment le nom d'*Amphora*, comme celui d'*Urna* (*V. URNA*) à tel vase que ce fût, sans avoir égard à sa contenance, pourvu que sa forme approchât de celle, qui étoit affectée par l'usage aux mesures qui portoient ces noms. C'est ainsi que nous donnons le nom de *Bouteilles* à des vases de toute grandeur. On se sert encore à Venise d'une mesure nommée *Amphora* pour les choses liquides, & c'est la plus grande mesure du Pays.

BIPEDALIS, Chap. 14, de *bis* deux fois & *Pes*.

C'est ce qui avoit la longueur de deux Pieds Romains. (*V. PES*).

CENTUMPONDIUM, Chap. 13, c'est le poids de cent livres. (*V. LIBRA & PONDO*).

CONCHA, Chap. 156. La fréquentation des Romains avec les Grecs, leur avoit fait adopter quelques-unes des mesures, qui étoient d'usage en Grece. Telle étoit celle-ci que les Grecs appelloient κογχη. C'étoit une très-petite mesure dont on ne sçait pas bien au juste la contenance. Les Auteurs Latins en voulant faire quadrer les mesures Grecques avec les mesures Latines, ont jetté sur cet objet une obscurité, qui augmente à proportion que les mesures, dont ils parlent, sont plus petites. Il paroît cependant que la *Concha* équivaloit à la moitié du *Cyathus*. (*V. CYATHUS*). Caton donne aussi le nom de *Concha* à la coquille avec laquelle on puisoit l'huile à la sortie du pressoir, Chap. 66, mais il ne faudroit pas en conclure qu'elle fût d'une grandeur déterminée, puisque le même Auteur en distingue de grandes & de petites, Chap. 13.

CONGIUS, Chap. 57, 95, 106, 107, 122, 123, 126. Mesure pour les liqueurs. C'étoit la huitieme partie de l'*Amphora*. (*V. AMPHORA*). Le *Congius* contenoit par conséquent 10 livres Romaines & 168 ½ pouces cubiques, ou trois pintes & demi d'eau, mesure de Paris, ce qui se trouve confirmé par les expériences faites sur le *Congius* de Parme, dont nous parlerons au mot *LIBRA*.

COTULA, Chap. 146. C'étoit une mesure Greque pour les liqueurs, κοτυλη, adoptée par les Romains, qui équivaloit dans le commerce à l'*Hemina*, (*V. HEMINA*), quoique sa contenance fût un peu moindre.

CULLEUS, Chap. 11, 23, 24, 148, 154. Cétoit la plus grande de toutes les mesures Romaines pour les liqueurs. Pline nous apprend 14, 4 qu'elle contenoit 20 *Amphora*, (*V. AMPHORA*). En quoi il est d'accord avec Caton qui lui donne dans le Chap. 148, la contenance réelle de 40 *Urnæ*, (*V. URNA*), si l'on interprete les 41 *Urnæ* qu'il paroît lui donner, conformément à notre Note premiere sur ce Chapitre. Le *Culleus* répondoit donc à un muid, 34 septiers, une pinte & $\frac{2}{3}$, mesure de Paris, le muid contenant 36 sextiers, à 8 pintes chacun. Quoique le *Culleus* considéré comme mesure, fût la plus grande de toutes celles qui étoient reçues dans le commerce, les Romains avoient cependant encore des vaisseaux d'une plus grande capacité, tels que la Cuve que Caton appelle *Labrum Culleare*, Chap 154, & qui servoit à mesurer le vin dans le *Culleus* de l'acheteur.

CYATHUS, Chap. 114, 115, 122, 158. Mesure tant des corps solides que des liqueurs, qui étoit à peu près la douzieme partie du *Sextarius*, (*V. SEXTARIUS*), ou la 576me de l'*Amphora*, si on veut l'y rapporter, (*V. AMPHORA*). Je dis à peu près : car comme *Cyathus* étoit le nom qu'on donnoit aux vases qui servoient à la boisson ordinaire, il est probable que la mesure n'en étoit point rigoureusement exacte, de même que chez nous il n'y a point de mesure exacte pour nos Verres à boire. Il paroît même constant par Caton que la contenance du *Cyathus* étoit essentiellement différente suivant la diversité des liqueurs, de même que les contenances de nos Verres à biere, de ceux à vin & de ceux à ratafiat, sont différentes entr'elles, puisque cet Auteur fait une mention positive de *Cyathus* à vin dans les Chap. 109 & 123, & de *Cyathus* à eau dans le Chap. 157.

DIGITUS, Chap. 18, 21, 22, 28, 41, 46, 135. Les petites mesures des intervalles, qui sont entrées depuis dans la composition des plus grandes, furent prises dans les temps les plus reculés & chez presque tous les anciens peuples, sur les proportions du corps humain, comme étant l'objet qui se présentoit le plus naturellement sous les yeux, & dont les proportions étoient les plus symétriques dans la nature. Ainsi quatre travers de *Doigts* furent estimés universellement répondre à la largeur de trois *Pouces*, 16 travers de *Doigts* ou douze *Pouces* à la longueur du pied, & six pieds à celle de la stature humaine commune. Mais cette stature étant plus ou moins grande selon les pays, & peut-être selon les temps, les mesures qui la fixoient, quoique uniformes dans leurs noms ainsi que dans leurs proportions entr'elles, durent varier dans les différens pays. Il fallut, par exemple, par-tout douze pouces pour former le pied ; mais ces pouces se trouverent plus ou moins longs dans les différens pays, suivant la stature commune des hommes qui les habitoient. Voyez au mot *PES* la réduction du pied Romain, & par conséquent des pouces qui le composoient à notre Pied-le-Roi. C'est d'après ces proportions prises sur le corps humain, que Caton désigne par le *Pouce*, *Digitus Pollex*, Chap. 19, 20, un plus grand intervalle que celui qu'il désigne par le *petit Doigt*, *Digitus minimus* du Chap. 22 : il désigne de même des intervalles différens, mais toujours proportionnés sur le corps humain, par l'extrémité du *Doigt*, *Digitus primor*, Chap. 21, 40, par son épaisseur, *Digitus crassus*, Chap. 40, par fa longueur, *Digitus tranfverfus*, Chap. 45, 48, & par la moitié de fa longueur, *Digitus dimidia- tus*, Chap. 115.

DRACHMA, Chap. 127. Poids Grec, δραχμη, dont il étoit fi fort ufité de comparer la valeur au *Denarius*, qui étoit le $\frac{1}{7}$ de l'Once, (*V. NUM- MUS DENARIUS*), que prefque tous les Auteurs Romains traduifoient le mot de δραχμη par celui de *Denarius*, ainfi que les Auteurs Grecs tradui- foient celui de *Denarius* par celui de δραχμη. Effec- tivement l'un équivaloit à l'autre dans le com- merce, Pline 21, 34 & 35, quoiqu'il s'en fal- lût bien que leur poids fût exactement le même, auffi fe trouvoit-on obligé de les comparer entr'eux avec plus de fcrupule, lorfque l'on avoit intérêt d'en connoître la différence. On trouve dans Tite- Live, à l'endroit où cet Hiftorien rapporte les conditions de paix impofées à Antiochus par le peuple Romain, un exemple de cette comparai- fon rigoureufe, qui nous fervira à connoître la valeur exacte de la *Drachma*. Il y eft dit qu'An- tiochus payera en 12 ans 12000 Talens Attiques d'argent, *& que le Talent ne péfera pas moins de* 80 *Livres Romaines*. On ne peut mettre en doute que cette eftimation du Talent portée par un traité de paix, ne foit plus exacte que l'eftimation vul- gaire, puifqu'il falloit également éviter, ou que la République ne reçût moins qu'elle ne préten- doit demander, ou qu'Anthiocus ne fût expofé à payer au-delà de la fomme, à laquelle il confen- toit d'être impofé. Or le Talent Attique étoit in- dubitablement de 6000 *Drachmæ*, Pline 35, 11, ou de 60 *Minæ*, ce qui revient au même, puifque la *Mina* équivaloit à 100 *Drachmæ*, (*V. MINA*). D'un autre côté, la Livre Romaine contenoit

84 *Denarii*, ainsi que nous le verrons au mot *LIBRA*. Cela posé, on trouvera, pour peu qu'on veuille se donner la peine de le calculer, que le Talent qui devoit peser 80 Livres Romaines, équivaloit à 6720 *Denarii*, ou que la *Mina* qui étoit de cent *Drachmæ*, équivaloit à 112 *Denarii*, c'est-à-dire, à une Livre ⅓ ou 16 Onces, puisqu'il ne falloit que 84 *Denarii* pour la Livre : on trouvera encore, par une suite de calcul, que la Livre Romaine ne contenoit que 75 *Drachmæ*, & que par conséquent la *Drachma* devoit peser 83 Grains ⅓, poids de Paris, puisque le *Denarius* en pesoit $74\frac{2}{7}$, ainsi qu'on le prouvera au mot *LIBRA*. Or c'est précisément le nombre de Grains qu'Eisenchmidius, *de ponderibus & mensuris veterum, &c.* Sect. 2, Chap. 3, dit avoir trouvé en pesant une piece de monnoie de la valeur de quatre *Drachmæ* bien conservée, & dans laquelle il n'a pu remarquer aucun déchet, puisque cette piece s'est trouvé peser 333 Grains, dont le quart est 83 ¼. Il en a pesé beaucoup d'autres semblables, mais défectueuses, & dont le poids s'est trouvé fort approchant de celui que nous venons de fixer. On peut voir dans cet Auteur, *ibid*, comment il répond à tous ceux qui ont prétendu que la *Drachma* est le huitieme de l'Once Romaine. Il nous reste à observer que l'usage de se servir à Rome de poids Grecs, usage adopté par les Médecins du temps de Pline, 21, 34, & qui s'est perpétué jusqu'à nos jours parmi les gens de cette profession, y avoit été introduit par des Médecins venus de Grece, soit qu'ils voulussent, en exprimant leurs recettes en termes Grecs, donner par là un ton mystérieux à leur Art, pour le mettre hors de la portée du vulgaire, soit qu'ils ne trouvassent pas

dans la langue Latine de termes, pour exprimer avec exactitude les quantités de doses employées dans leurs recettes. Nos Médecins appellent *Drachme* la huitieme partie d'une Once, ou autrement un Gros au poids de Marc.

HEMINA, Chap. 57, 71, 102, 107, 126, 127, 156. C'étoit la moitié du *Sextarius*, (*V. Sextarius*), ou la 96me partie de l'*Amphora*, fi on veut l'y rapporter.

JUGERUM, Chap. 1, 10, 11. C'étoit une surface de 240 Pieds Romains de longueur, fur 120 Pieds de largeur. Columelle, *L. 5*, *Chap. 1*, *de l'Economie rurale*, veut que ce mot vienne de celui de *Jungere*, qui veut dire *Joindre*, parce qu'effectivement c'étoit la fomme de deux *Actus* quarrés, joints bout-à-bout l'un de l'autre, l'*Actus* quarré ayant 120 pieds en tout fens, Varron 1, 10. Quoiqu'il en foit de cette étymologie, le *Jugerum* avoit incontestablement 28800 Pieds quarrés de furface, qui réduits à nos Pieds-le-Roi, fuivant le calcul que l'on trouvera au mot *PES*, en donnent 24365, c'est-à-dire, un peu plus d'un demi Arpent, l'Arpent étant de 48400 Pieds quarrés, produits par 100 Perches quarrées de 22 Pieds chacune, conformément à l'Ordonnance du mois d'Août 1669, fur le fait des Eaux & Forêts, *art.* 14. Deux cens quarante *Jugera* demandoient outre le Métayer & fa femme, cinq ouvriers, trois bouviers, un porcher, un ânier, un berger, trois paires de bœufs, quatre ânes, cent brebis, trois grandes charretes & fix charrues, pour être cultivé en oliviers, Chap. 10. Si c'étoit un vignoble, il falloit pour cent *Jugera* de terre, outre le Métayer & la Métayere, dix ouvriers, un bouvier, un ânier, un homme pour avoir foin des faussayes,

un

un porcher, une paire de bœufs, trois ânes, deux charrettes & deux charrues; ces cent *Jugera* pouvoient rapporter jusqu'à huit cent *Cullei* de vin par vendange, (*V. CULLEUS*), Chap. 11.

LAGŒNA, Chap. 122, 123. C'étoit une mesure Grecque pour les liqueurs, λάγυνος, λάγυνον ou λάγυνον , qui répondoit à 12 *Hemina*, (*V. HEMINA*).

LIBRA, Chap. 22, 23, 75, 83, 85, 109, 122, 158. C'étoit le principal poids Romain, & celui auquel se rapportoient tous les autres, de même que toutes les mesures se rapportoient à l'*Amphora*, ainsi que nous l'avons dit au mot *AMPHORA*. La Livre se divisoit en douze Onces, deux de ces Onces formoient par conséquent le $\frac{1}{6}$ de la Livre *Sextans*; trois, le $\frac{1}{4}$ *Quadrans*; quatre, le $\frac{1}{3}$ *Triens*; cinq, les $\frac{5}{12}$ *Quincunx*; six, la moitié *Semis*; sept, les $\frac{7}{12}$ *Septunx*; huit, les $\frac{2}{3}$ *Bes*; neuf, les $\frac{3}{4}$ *Dodrans*; dix, les $\frac{5}{6}$ *Dextans*; onze, les $\frac{11}{12}$ *Deunx*.

Pour connoître le rapport de la Livre Romaine à celle de Paris, qui se divise en 2 Marcs, chaque Marc composé de 8 Onces, chaque Once de 8 Gros, chaque Gros de trois Deniers & chaque Denier de 24 Grains, on s'est servi de différentes méthodes, qui toutes ont concouru à faire connoître ce rapport avec assez de justesse. 1°. On a pesé d'anciennes pierres, ainsi que d'anciens morceaux de fer ou de cuivre, qui avoient servi de poids chez les Romains, & le résultat de ces opérations a été que l'Once Romaine répondoit à environ 516 de nos Grains, mais le déchet que ces poids avoient souffert par le laps de temps & par les frottemens, ayant dû les rendre un peu plus légers qu'ils n'étoient réellement, on a conclu avec raison que l'Once Romaine devoit peser plus de 516 Grains.

Tome I. P

2°. On a rempli d'eau d'anciens vafes Romains, & on a pefé cette eau avec la plus grande exactitude. D'après cette expérience, un *Congius* très-bien confervé qui eft à Parme, & dont l'infcription annonce clairement que fa mefure eft de 10 Livres, & qu'elle a été réglée fur l'Etalon du Capitole, a donné pour réfultat 523 de nos Grains à l'Once Romaine : mais comme il eft à préfumer que ce *Congius* a été intérieurement rongé par vétufté, & qu'il contient en conféquence aujourd'hui plus d'eau qu'il n'en contenoit autrefois, il étoit probable que l'Once Romaine devoit pefer moins de 523 de nos Grains. Comme d'ailleurs il étoit reconnu par l'expérience précédente, qu'elle en devoit pefer plus de 516, on étoit déja fuffifamment fondé à lui donner une valeur moyenne entre 516 & 523 de nos Grains, lorfqu'une troifieme expérience eft venue à l'appui de ce raifonnement, & a donné cette valeur moyenne : c'eft celle qui a été faite fur les monnoies anciennes. On en connoît de trois efpeces qui font parvenues jufqu'à nous, celles de cuivre, celles d'argent & celles d'or; (*V. NUMMUS*). On n'a rien tiré de certain des expériences tentées fur les monnoies de cuivre, & elles ont toutes donné des réfultats difparats, apparemment parce que le peu de valeur de ce métal étoit caufe qu'on n'avoit pas employé rigoureufement, en les fabriquant, le poids prefcrit par la Loi. Il n'en eft pas de même des monnoies d'argent & d'or. Entre les monnoies d'argent qui nous font reftées de l'antiquité, on a préféré pour cette expérience, celles qui ont été frappées dans les temps floriffans de la République, & jufqu'à la mort d'Augufte, comme étant plus conformes au poids prefcrit par la Loi, que celles qui furent frappées par la suite, dans des temps ou les abus s'introduisirent dans la fabrique de la monnoie. On a donné à ces monnoies le nom de *Nummi Consulares*, toutes les fois qu'on y a pû lire le nom de quelque famille Romaine empreint. Eisenchmidius certifie, *sect.* 1, *Chap.* 2, qu'après avoir pesé à diverses reprises, & en suivant des procédés différens, une grande quantité de ces pieces de monnoie à la fois, en rejettant toutes celles qui avoient pû souffrir quelque déchet, il a toujours trouvé uniformément, par la division du poids total, que chaque *Nummus Consularis* pesoit 74 grains $\frac{5}{7}$, poids de Paris ; mais sept de ces pieces constituoient l'Once Romaine, selon Pline qui déclare 33, 9, qu'une Livre d'argent devoit faire 84 de ces pieces, (*V. Nummus*), donc l'ancienne Once Romaine répondoit à 520 Grains, poids de Paris, qui sont précisément la valeur moyenne que l'on cherchoit entre 516 & 523, déja trouvés par les expériences précédentes.

Les monnoies d'or sur lesquelles on a appliqué la même expérience, ont donné la même valeur. Une entr'autres de Néron très-bien conservée, qu'Eisenchmidius a aussi pesée, s'est trouvée être du poids de 138 Grains & $\frac{1}{4}$, poids de Paris. Mais le déchet imperceptible que cette piece a dû souffrir, permet bien de l'estimer du poids presque égal de 138 Grains & $\frac{2}{3}$, or 138 Grains & $\frac{2}{3}$ est précisément le poids qu'elle devoit avoir en supposant l'Once Romaine de 520 Grains, puisque sous Néron, on faisoit 45 de ces pieces avec une Livre Romaine d'or, Pline 33, 3. On peut donc regarder comme constante cette appréciation de l'Once Romaine à 520 Grains, & par conséquent la Livre

Romaine, qui contenoit 12 de ces Onces, répondoit à 6240 Grains, poids de Paris, c'est-à-dire à 10 Onces, 6 Gros & 48 Grains.

LIBRARIUM, Chap. 21. C'est ce qui pesoit une Livre Romaine, (*V. LIBRA*).

METRETA, Chap. 100. Mesure Grecque pour les liqueurs, μετρητὴς, qui répondoit à une *Amphora* & demi.

MINA, Chap. 127. C'étoit un poids Grec, μνᾶ, qui valoit 100 *Drachmæ*, Pline 21, 34. C'est donc à tort, & pour se conformer à l'estimation vulgaire, que cet Auteur la confond dans d'autres endroits de son Ouvrage, avec la Livre Romaine, 12, 14; & 14, 17 comparé avec 23, 2; puisqu'elle étoit réellement plus forte que la Livre Romaine de 4 Onces ou $\frac{1}{3}$ de Livre, comme il suit de ce que nous avons déterminé au mot *DRACHMA*. Pour réduire la *Mina* au poids de Paris, voyez le mot *LIBRA*.

MODIUS ou *MODIUM*, Chap. 10, 11, 15, 24, 54, 56, 58, 60, 64, 105, 117, 121, 144, 146. Cette mesure ne servoit, comme notre boisseau, qu'à mesurer des corps solides, tels que les grains & les fourages, mais c'est le seul rapport qu'elle eût avec notre boisseau, puisque sa contenance étoit bien différente de la sienne. Cette mesure étoit le $\frac{1}{3}$ de l'*Amphora*, (*V. AMPHORA*), & par conséquent elle étoit de 449 Pouces cubiques & $\frac{1}{4}$, mesure de Paris, & répondoit à peu près aux $\frac{2}{3}$ de notre boisseau de Paris, qui est de 644 Pouces cubiques. Il paroît qu'il y avoit un *Modius* particulier qui ne servoit qu'à mesurer les olives, pour éviter que le grain ne contractât un mauvais goût, s'il eût eû une mesure commune avec ce fruit: mais Caton qui en parle Chap. 144, 146 sous le nom de *Modius olearius*, ne nous apprend pas si sa contenance étoit différente de celle du *Modius* ordinaire, ou s'il n'en différoit que par sa forme, ou plutôt par la matiere dont il étoit fait, ou simplement par l'usage auquel on le réservoit.

NUMMUS, Chap. 14, 15, 21, 22. On lui donnoit encore le nom d'*As*. C'étoit dans l'origine de la République Romaine, une piece de cuivre, d'une Livre pesant, d'abord brute, puis frappée à un certain coin à commencer du regne de Servius, qui servoit de monnoie. Les Romains furent long-temps sans employer d'autre métal que le cuivre dans leurs monnoies. Ce ne fut qu'après qu'un grand nombre de victoires les eut enrichis des dépouilles de leurs ennemis, qu'ils commencerent à battre de la monnoie d'argent. Pline 33, 3, ne fait remonter cet usage qu'à l'an de la fondation de Rome 485 (avant J. C. 267), cinq ans avant la premiere guerre Punique. Ils eurent dès-lors trois especes de pieces d'argent, dont les noms désignoient la valeur en *Nummi* de cuivre. Le *Nummus denarius* qui en valoit dix de cuivre, le *Quinarius* qui en valoit cinq, & le *Sestertius* qui en valoit deux & demi, (*V.* SESTERTIUS). Mais la République ne pouvant suffire aux dépenses de la premiere guerre Punique, qui commença l'an de la fondation de Rome 490 (avant J. C. 272), & qui dura vingt-quatre ans; elle réduisit le *Nummus* de cuivre, qui pesoit une Livre dans l'origine, au poids de deux Onces, de façon qu'elle fit en un instant un gain de $\frac{5}{6}$, dont elle profita pour acquitter ses dettes. Elle ne s'en tint pas-là; & sous la Dictature de Q. Fabius Maximus, environ l'an 537 de la fondation de Rome (avant J. C. 215), elle le baissa de nou-

veau, & le réduisit au poids d'une Once, moyennant quoi elle auroit gagné encore moitié, si
d'un autre côté elle n'avoit pas haussé dans le
même-temps la valeur du *Nummus* d'argent ; en
ordonnant que le *Denarius* vaudroit dorénavant
seize *Nummi* de cuivre, le *Quinarius* huit, & le
Sestertius quatre, excepté dans la paie militaire où
ils devoient conserver leur ancienne valeur ; enfin le *Nummus* de cuivre fut réduit à une demie
Once. Les Auteurs ne sont pas d'accord sur le
temps auquel cette derniere réduction doit être
rapportée, mais comme ceux qui la placent le plus
tard, veulent qu'elle ait été faire l'année 586 de
la fondation de Rome, (avant J. C. 116); il y
y a tout lieu de croire qu'elle avoit déja lieu
lorsque Caton écrivoit son Ouvrage, puisqu'il ne
l'écrivit que dans sa vieillesse, & qu'il n'est mort
que vers l'année 600 de la même fondation,
(avant J. C. 152). Nous ne parlerons point du
Nummus d'or, dont il n'est point question dans
Caton ; ceux qui voudront le connoître n'ont
qu'à lire Pline à l'endroit ci-dessus cité.

Il est difficile, vû les variations fréquentes dans
la valeur intrinseque de l'argent, d'évaluer avec
exactitude la monnoie Romaine. Cependant Eisenchmidius, d'accord avec le Pere Hardoin dans
ses Notes sur Pline 33, 3, estime le *Nummus de-*
narius, frappé du temps de la République, sur le
pied de 8 sols tournois : & voici comme il pro-
cede : ce *Nummus* pesoit 74 Grains ½, poids de Paris, (*V. LIBRA*). En supposant que l'argent qui
entroit dans sa composition, fut au titre de celui
qui entre dans la composition de nos écus, c'est-
à-dire, sur le pied de 11 Deniers au Marc ; en supposant d'un autre côté le poids de notre écu, de

516 Grains, ainsi qu'il doit être, & sa valeur de 60 sols tournois, on trouvera 8 sols & près de $\frac{2}{3}$ pour la valeur du *Nummus denarius*. Mais rien n'empêche qu'on ne retranche ces $\frac{2}{3}$, en compensation de ce que les Romains ne retenoient rien pour le droit de battre monnoie, comme on fait chez nous.

Quant à la valeur du *Nummus* de cuivre, cet Auteur pour la trouver se reporte au temps où il ne pesoit qu'une demi-Once, & où le *Nummus denarius* en valoit 16 de cuivre, & voici comme il raisonne : si 16 demi-Onces, ou 8 Onces de cuivre valent 8 sols tournois, comme nous venons de le voir en évaluant le *Nummus denarius*, douze Onces ou la Livre entiere devoit valoir 12 sols tournois; ce qui, par parenthese, n'est pas fort éloigné du prix actuel de ce métal.

PALMUS, Chap. 43, 135. C'étoit quatre travers de Doigts ou trois Pouces, (*V. DIGITUS*). Il y avoit quatre *Palmi* dans le Pied, (*V. PES*). Nous avons une mesure qui porte le nom de Palme, mais elle est de huit Pouces six Lignes & demi.

PEDALIS, Chap. 45. C'est ce qui est de la longueur du Pied, (*V. PES*).

PERTICA, Chap. 15. Caton donne ce nom à un instrument d'arpenteur destiné à mesurer les hauteurs. On ne voit pas que les Romains eussent de mesure fixe de ce nom, comme nous en avons une que nous nommons *Perche*, qui est de vingt-deux Pieds, (*V. JUGERUM*). Mais ils paroît qu'ils se servoient d'un bâton, soit perche, soit échalas, de telle grandeur qu'il fût, & qu'ils en exprimoient la grandeur quelconque en Pieds.

PES, Chap. 4, 6, 14, 15, 18, 19, 21, 22, 38, 41, 43, 47, 48, 59, 63, 76, 135, 151, 160,

161. Le Pied Romain étoit comme chez nous la mesure principale des intervalles, & celle à laquelle se rapportoient toutes les autres : il étoit également divisé en douze Pouces, qui faisoient quatre *Palmi*. Eisenchmidius, *Sect.* 3, *Chap.* 2, donne une démonstration par les nombres, par laquelle il prouve que le rapport du Pied Romain à notre Pied-le-Roi, est comme 1324 ½ à 1440, qui est le nombre de parties que contient notre Pied, en supposant les 12 Lignes de chaque Pouce divisées chacune en dix petites portions. Voici sa démonstration. Puisque la Livre Romaine répond à 6240 Grains, poids de Paris, (*V. LIBRA*), le *Congius* qui contenoit dix Livres Romaines, répond à 62400 Grains. Or, d'après l'expérience de M. Picard, déja citée au mot *AMPHORA*, ces 62400 Grains, sont le poids de 168 Pouces cubiques ½ d'eau. (*V. CONGIUS*). Si donc on multiplie ces 168 Pouces cubiques ½ par le cube du nombre 120, qui est le nombre des petites portions de Lignes que contient le Pouce du Pied-le-Roi, on aura le cube du nombre de ces petites portions contenues dans le *Congius*. Il faut ensuite multiplier ce cube par le nombre huit, pour avoir le cube de ces petites portions contenue dans l'*Amphora*, l'*Amphora* étant huit fois plus grande que le *Congius* : enfin il faudra tirer la racine cubique de ce produit, qui sera le nombre de petites portions de Lignes du Pied-le-Roi, que contiendra le Pied Romain, puisque l'*Amphora* est-elle même le cube de ce Pied, (*V. AMPHORA*). Cette racine cubique sera 1324 ½.

Voyons à présent s'il se trouve de l'analogie entre le résultat de cette démonstration, & la comparaison des anciens monumens. 1°. Un des plus célebres, c'est le Panthéon de Rome, fondé par M. Agrippa, gendre d'Auguste. Or la porte de ce Temple a 18 Pieds-le-Roi & 4 Pouces $\frac{1}{4}$ de longueur : si, d'après cette mesure, on la suppose de 20 Pieds Romains, comme il est à présumer qu'elle doit être, puisque, sans doute, sa mesure doit être exprimée par un nombre rond, chaque Pied se trouvera avoir au juste 1324 $\frac{1}{2}$ des portions de Lignes, qui sont au nombre de 1440 dans le Pied-le-Roi.

2°. On voit à Rome deux pierres sépulchrales sur lesquelles se trouve gravée la longueur du Pied Romain, avec ses distributions en Pouces & en *Palmi*, dont la premiere contient 1311 de ces portions, & la seconde 1315. Mais la ligne que marque cette longueur étant gravée obliquement, & la superficie de ces pierres ayant été éraillée par le temps & le frottement, les bords de la gravure sont aujourd'hui situés plus bas qu'ils ne l'étoient dans l'origine, & ils doivent marquer par conséquent une moindre largeur, c'est aussi ce qui occasionne cette différence de 1311 ou 1315 portions de Lignes, qu'on trouve aujourd'hui à 1324 $\frac{1}{2}$ que ces pierres marquoient sans doute, lorsque le talus du sillon de la gravure remontoit plus haut.

Enfin on lit dans l'Histoire de l'Académie des Sciences, (année 1702), que la distance de Narbonne à Nismes a été trouvée de 67500 Toises de Paris, ou 405000 Pieds, la Toise étant de 6 Pieds. Mais Strabon lui donne 88 Milles Romains, qui valent 440000 Pieds Romains, le Mille étant de 5000 Pieds, ou mille Pas de 5 Pieds chacun. Donc, calcul fait, le Pied Romain est au Pied-le-Roi, comme 81 à 88 ; donc ce Pied contient

1325 $\frac{1}{2}$ des portions de Lignes qui font au nombre de 1440 dans le fecond. D'un autre côté on a trouvé que la diftance entre Boulogne & Modene étoit de 19147 Toifes de Paris, ou de 114882 Pieds, mais l'Itinéraire d'Antonin lui donne 24 Milles Romains, ou 125000 Pieds Romains; donc, calcul fait, le Pied Romain paroîtroit contenir 1323 $\frac{1}{2}$ des 1440 portions de Lignes du Pied-le-Roi. Mais fi l'on prend, comme on eft en droit de le faire, le milieu entre ces deux obfervations, dont l'une donne 1325 $\frac{1}{2}$ & l'autre 1323 $\frac{1}{2}$, on aura 1324 $\frac{1}{2}$ qui eft ce qu'on a trouvé par la premiere démonftration. Il doit donc paffer pour conftant que le Pied Romain étoit au Pied-le-Roi comme 1324 $\frac{1}{2}$ à 1440, & que par conféquent il n'avoit de largeur que 11 Pouces & 4 & $\frac{1}{2}$ de ces portions de Lignes, qui font au nombre de 1440 dans le Pied-le-Roi.

PONDO, Chap. 22, 23, 39, 54, 56, 60, 69, 75, 76, 83, 84, 85, 107, 121, 144, 146, 150, 156, 158. Ce mot eft l'ancien Ablatif de *Pondus*. Il paroît que les Anciens difoient indifféremment *Pondus*, *Pondi*, *Pondo*, &c. & *Ponder*, *Ponderis*, *Ponderi*, mais que l'ufage ayant aboli le Génitif & le Datif du premier, ainfi que le Nominatif & l'Accufatif du fecond, il avoit confervé les deux Ablatifs *Pondo* & *Pondere* : de façon cependant qu'on appliquoit l'Ablatif *Pondo* à la Livre pefant exclufivement. En effet cette précaution étoit devenue néceffaire : & voici pourquoi. Les divifions de la Livre, que nous avons données au mot *LIBRA* en *Uncia*, *Sextans*, *Quadrans*, *&c.* étoient très-folemnelles chez les Romains; on les adaptoit à tout ce qui étoit fufceptible de mefure ou de partage, au *Nummus*, au Pied, au *Jugerum*, au

Sextarius, aux héritages, à l'intérêt de l'argent, au temps, &c. comme nous adaptons les divisions de la Livre numéraire en sols & deniers, aux sociétés qui se contractent pour toutes sortes d'affaires. Dès-là ces expressions étoient devenues très-équivoques. Ce fut donc pour ôter toute équivoque qu'on s'accoutuma à dire non-seulement *Libra Pondo*, Chap. 22, mais *Uncia Pondo*, *Semis pondo*, &c. pour désigner qu'il ne s'agissoit pas de toute autre mesure ou quantité, mais de poids, de même que nous disons une Livre pesant, pour ne pas confondre le mot de Livre, avec la Livre numéraire. C'étoit la même chose que si on eût dit *Libra pondo pendendo*, en sous-entendant *pendendo*, comme dans *triumviri auro*, *argento*, *ære*, on sous-entendoit *flando*, *feriundo*. Par la suite, pour abréger encore plus, on s'est contenté d'ajouter à un nombre quelconque l'ancien Ablatif de *Pondus*, qui n'étoit plus usité que pour signifier la Livre pesant. Ainsi pour exprimer, par exemple, deux Livres pesant d'or, on a dit tout simplement *auri bina Pondo*, au lieu de *auri bina pondera Librarum Pondo pendendo*, & plus briévement encore, *auri bina*.

PUGNUM, Chap. 82. Caton se sert de ce mot pour désigner la hauteur du Poing, la main fermée : ce n'est point cependant une mesure fixe & reçue dans le commerce dont il a prétendu se servir, car il n'en existoit point de ce nom : ce n'est, à proprement parler, qu'une comparaison prise d'une des proportions du corps humain.

QUADRAGENARIUM (*DOLIUM*), Chap. 105. C'étoit une piece qui contenoit quarante *Sextarii*, (*V. SEXTARIUS*).

QUADRANTAL, Chap. 10, 13, 24, 57, 104,

105, 106, 112, 127, 144. Ce mot étoit synonime avec celui d'*Amphora*, (*V. AMPHORA*). Il semble cependant que les Romains se servoient plus volontiers du mot *AMPHORA*, lorsqu'ils parloient de la mesure de quelque corps solide, au lieu qu'ils se servoient indifféremment de celui de *Quadrantal*, soit pour les liqueurs, soit pour les grains.

QUARTARIUS, Chap. 95. Ce mot qui veut dire *Quart*, ne s'employoit gueres que pour exprimer le Quart du *Sextarius*, (*V. SEXTARIUS*).

QUINQUAGENARIA (*URNA*), Chap. 10, 13. Il y avoit des *Urna* de toute grandeur. Celle-ci paroît être de la contenance de cinquante *Sextarii*, de même que la piece que Caton appelle *dolium Quinquagenarium*, dans les Chap. 69, 112.

SELIBRA, Chap. 75, 84, 86, 117. Ce mot est mis pour *Semi-Libra*. Or *Semis* signifiant la moitié de la quantité à laquelle ce mot se trouve joint, *Selibra* est la demi-Livre, (*V. LIBRA*).

SEMIPES, Chap. 18, 19, 22, 123, 135, 161. C'est un demi-Pied, (*V. PES*).

SEMODIUS, Chap. 10, 11, 54, 125, 161. Ce mot est mis pour *Semi-Modius* : ainsi c'étoit la moitié du *Modius*, (*V. MODIUS*). Caton donne dans le Chap. 76, le nom de *Semodialis* à une piece de pâtisserie, pour désigner la quantité d'ingrédiens qui entroient dans sa composition.

SEMUNCIA, Chap. 10, 11. C'étoit la moitié de l'*Uncia*. Comme les divisions de la Livre s'appliquoient à tout, ainsi que nous l'avons observé au mot *PONDO*, Caton emploie le mot *Semuncia*, pour désigner une corbeille moitié moins grande qu'une autre, dont il avoit parlé précédemment.

SESQUILIBRA, Chap. 23, 106. Le mot *Sesqui* placé devant un mot quelconque, ajoute la moitié à la signification de ce mot. Ainsi *Sesquilibra* vaut une Livre & demi. (*V. LIBRA*).

SESQUIPEDALIS, Chap. 15, 18, c'est ce qui est de la longueur d'un Pied & demi, (*V. SESQUIPES*).

SESQUIPES, Chap. 46, c'est un Pied & demi, (*V. PES*). On lui donnoit aussi le nom de *Cubitus*.

SESTERTIUS (*NUMMUS*), Chap. 144, 145, 146. Ce mot étoit, selon Varron dans son Traité de la langue Latine, *L.* 4, une contraction de *Semistertius*, comme qui diroit la moitié du troisieme *Nummus*, c'est-à-dire deux *Nummi* & demi, qui étoient en effet la valeur du *Sestertius* en *Nummi* de cuivre, puisque cette Monnoie d'argent étoit le quart du *Denarius*, autre Monnoie d'argent qui valoit dix *Nummi* de cuivre, (*V. NUMMUS*). Depuis qu'on eût frappé à Rome des *Sestertii*, on prit l'habitude d'exprimer toutes les sommes en *Sestertii*, usage plus raisonnable que celui que nous suivons, d'exprimer toutes les sommes en Livres tournois, quoique nous n'ayons point de piece de Monnoie de cette valeur : depuis ce temps le *Nummus* s'entendoit communément du *Sestertius*, lorsqu'il n'étoit point distingué par une désignation particuliere.

SEXTARIUS, Chap. 10, 13, 57, 58, 67, 70, 83, 104, 105, 108, 112, 127, 158. C'étoit après l'*Amphora* la mesure la plus solemnelle chez les Romains. Le *Sextarius* se référoit à la vérité à l'*Amphora*, ainsi que toutes les autres mesures, & il en étoit la 48me partie, (*V. AMPHORA*), mais on lui référoit aussi beaucoup de mesures, & sur-tout les petites, telles que le *Cyathus*, l'*Hemina*, le *Quartarius*, (V. ces mots). Il servoit même à mesurer la contenance de très-grands vases, (*V. QUADRAGENARIUM DOLIUM, QUINQUA-GENARIA URNA*). Il se divisoit en 12 *Cyathi*, de même que la Livre se divisoit en 12 Onces, & l'on donnoit également les noms de *Sextans* à deux *Cyathi*, de *Quadrans* à trois, &c.

TERTIARIUS, Chap. 95. Ce mot qui veut dire le Tiers, ne s'employoit gueres que pour exprimer le Tiers du *Sextarius*, (*V. SEXTARIUS*).

TRIOBOLUM, Chap. 127. La syllabe *Tri* formée de *Tres*, *Trois*, & placée devant un mot quelconque, désigne Trois fois la quantité que ce mot signifie. Ainsi *Triobolum* signifie Trois Oboles. Or l'Obole étoit le plus petit poids Grec, ἰβολές, de ceux qui nous sont connus avec quelque certitude. Pline nous apprend 21, 24, que l'Obole étoit le sixieme de la *Drachma*, (*V. DRACHMA*). Nos Médecins divisent encore leur *Drachme* en six Oboles.

TRIPEDANEUS, Chap 45. C'est ce qui est de la longueur de trois Pieds, (*V. PES*).

VICTORIATUS (*NUMMUS*) Chap. 145. C'étoit le même que le *Quinarius*, (*V. NUMMUS*), qu'on appelloit ainsi à cause d'une figure de la Victoire qu'il portoit empreinte au revers. Il valoit par conséquent la moitié du *Denarius*, ou plutôt deux *Sestertii*, pour se conformer à l'usage usité de compter par *Sestertii*, (*V. SESTERTIUS*).

URNA, Chap. 23, 36, 93, 125, 148, 150. Cette mesure comparée à l'*Amphora*, en étoit la moitié, (*V. AMPHORA*). Mais on donnoit aussi le nom d'*Urna*, ainsi que nous l'avons dit de l'*Amphora*, à tout vase d'une forme ronde & en-flée par le milieu, de quelque contenance qu'il fût, tels que ceux dans lesquels on conservoit les cendres des morts, ceux où l'on jettoit les billets contenant les suffrages, (*V. QUINQUAGENARIA URNA*).

URNALIS, Chap. 13. De même que l'on don-noit le nom d'*Urna* à tout vase d'une certaine forme, de quelque contenance qu'il fût, (*V. UR-NA*), on appelloit *Urnalis* tout vase qui étoit de la contenance d'une *Urna*, de quelque forme qu'il fût.

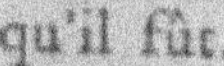

TABLE
ALPHABÉTIQUE

Des Villes & Pays, avec leurs noms modernes.

Africa, l'Afrique. L'une des quatre parties du monde, au Midi de l'Europe, dont elle est séparée par la Méditerranée. Elle est bornée au Septentrion par la Méditerranée, à l'Occident & au Midi par l'Océan, & à l'Orient par le détroit Arabique aujourd'hui, & autrefois par le Nil. Elle étoit renommée par ses figues, dont Caton parle, Chap. 8. (V. la Note 1. de ce Chap.).

Alba, Ville du Latium, qu'on appelle encore aujourd'hui Alba-Longa, dans la Campagne de Rome. Il s'y vendoit du temps de Caton des traîneaux qui servoient à battre le bled, Chap. 135.

Ameria, Ville de la Province *Umbria*. C'est aujourd'hui Amelia, Ville Episcopale du Duché de Spolette en Ombrie. Caton donne le nom de cette Ville à des paniers d'osier qu'on y faisoit, Chap. 11.

Amminæi, Peuples de Thessalie, Province de l'ancienne Grece sur la mer Egée, qui s'établirent en Italie, dans la Province *Campania*, & y planterent les premieres vignes. Aussi les vignes Amminées étoient-elles les plus anciennes de l'Italie, & on y fut très-longtemps sans en connoître d'autres, Chap. 6, 7, 106.

Anicium, le Puy, Ville Capitale du Velay, près de la Loire. Caton fait mention d'une Poire à laquelle il donne le nom d'*Anicianum*, Chap. 7. Nous avons encore aujourd'hui une Poire que l'on appelle la Poire du Puy. Seroit-ce la Poire, dont parle Caton, qui auroit donné son nom à cette Ville, & la Poire du Puy seroit-elle la même que celle de Caton, qui ne connoissoit pas cette Ville?

Avella, Ville de la Province *Campania*, aujourd'hui Abelle, Ville du Royaume de Naples dans la terre de Labour, auprès de laquelle il croît beaucoup de noisettes. On les appelloit, du temps de Caton, *Avella-*

na

næ nuces du nom de cette Ville, Chap. 8, & elles ont retenu jusqu'à ce jour le nom d'*Avelines.*

CALES, Ville de la Province *CAMPANIA* : aujourd'hui Calvi, Ville Episcopale de la Terre de Labour, au Royaume de Naples. On y vendoit du temps de Caton toutes sortes d'uftenfiles de fer, & des capuchons à l'usage des Payfans, Chap. 135.

CAMPANIA, Province de l'Italie : nommée aujourd'hui Terre de Labour. Caton vante, Chap. 135, 153, les cabas deftinés à contenir les olives fous le Preffoir, ainfi que les charrues pour les terres légeres, Chap. 135, que fournifloit cette Province, la plus abondante de toute l'Italie, en tout genre de productions.

CAPUA, Ville Capitale de la Province *CAMPANIA* : aujourd'hui Capoue, Ville Ar-chiépifcopale & Capitale de la Terre de Labour, fur le Volturno, au Royaume de Naples. On croit communé-ment que celle des Anciens étoit fituée un peu plus haut que la moderne. On y ven-doit, du temps de Caton, toutes fortes de vafes & de cordages, Chap. 135.

CASINUM, Ville qui con-finoit le *LATIUM* & la Pro-vince *CAMPANIA* : aujour-d'hui Caflino, Ville Epifco-pale de la Terre de Labour,

au pied du Mont - Caflin. On y vendoit, du temps de Caton, des cabas, Chap. 135, & cet Auteur célebre les terres de fes environs, comme les meilleures de la Province *CAMPANIA*, Chap. 136.

CHALDÆA, Province de l'Afie, qui occupoit la partie de la Méfopotamie la plus proche du confluent du Ty-gre & de l'Euphrate, & qui s'étendoit au Midi jufqu'au détroit Perfique, entre les deferts de l'Arabie au cou-chant, & le Tygre à l'O-rient : on l'appelle aujour-d'hui Yerak Arabi. Ses habi-tans, & principalement ceux de Babylone, qui en étoit la Capitale, étoient autre-fois fort adonnés à l'Aftro-logie ; c'eft pour cela que Caton défigne en général un Aftrologue par le mot *CHAL-DÆUS*, Chap. 5.

COOS, l'une des Ifles Cy-clades dans la mer Egée, vers l'Afie mineure : c'eft au-jourd'hui Stanchio ou La-nugo, l'une des Ifles de l'At-chipel, vers la côte de la Natolie, près du Cap-Crio. Caton célebre fon vin dans les Chap. 112, 158. Il don-ne même dans le 112 une méthode pour le contrefaire.

CYPRUS, aujourd'hui Cy-pre, Ifle de l'Afie dans la Méditerranée, fur la côte de l'Anatolie. Il y avoit, du temps de Caton, un laurier

Tome I.

Q

qui portoit son nom, Chap. 8, 113.

DELPHI, c'étoit une Ville de la Phocide dans l'Achaie, située sous le Mont-Parnasse : elle étoit célebre par son Temple & son Oracle, & par le laurier qui portoit son nom, dont Caton parle dans les Chap. 8, 133. On a bâti sur ses ruines un petit Village, nommé Castri.

GRÆCIA, la Grece, proprement dite, ne comprenoit anciennement que l'Achaie, que l'on nomme aujourd'hui la Livadie. Les Arts y furent connus pour la plus grande partie, avant de l'être en Italie. Caton fait mention de mousses à la Grecque, Chap. 3. Les Romains avoient plusieurs plantes qui leur étoient venues de la Grece, telles que l'amande, Ch. 8, (V. la Note 6 de ce Chap.) le Fenu-Grec, Chap. 27, 35, 37. le Franc-Osier, Chap. 6, 60. Ils faisoient grand cas du Vin Grec qu'ils imitoient avec celui d'Italie, Chap. 24, 105.

HERCULANUM, Ville de la Province CAMPANIA, qui fut ensevelie sous terre dans une éruption du Mont-Vésuve. On en a retrouvé de nos jours les ruines près de cette montagne, dans le Royaume de Naples. Caton fait mention d'une figue qui portoit son nom, Chapitre 8.

HISPANIA, aujourd'hui l'Espagne, Région la plus occidentale de l'Europe, bornée par la Méditerranée, l'Océan & les Pyrenées. Les meules de ce Pays étoient renommées du temps de Caton, Chap. 10.

LUCANIA, c'étoit la partie de l'Italie, bornée à l'Orient par le Golfe de TARENTUM, & à l'Occident par la mer que les Romains appelloient TYRRHENUM, TUSCUM ou INFERUM. C'est aujourd'hui la Calabre Citérieure dans le Royaume de Naples. On estimoit son vin du temps de Caton, Chap. 6, ainsi que les charretes qu'on y faisoit, Chap. 135.

MEGARA, il y avoit en Sicile une Montagne & une Ville de ce nom. La Ville est ruinée. Il y en avoit une autre en Grece dans la Megaride, qui porte encore aujourd'hui le même nom : elle est dans l'Achaie, vers le Golfe d'Egina. Comment sçavoir laquelle des deux avoit donné son nom aux oignons de fleurs, dont Caton parle, Chap. 8.

MINTURNÆ, Ville du LATIUM, aux confins de la Province CAMPANIA. C'est aujourd'hui Trajetto au Royaume de Naples, dans la Terre de Labour. On y faisoit, du temps de Caton, le même commerce qu'à Calvi, Chap. 135, (V. CALES).

MURGANTIA, il y avoit une Ville de ce nom en Sicile, & une autre dans le *SAMNIUM* en Italie. On croit que c'est la derniere qui a donné son nom au raisin célébré par Caton, Chap. 6. C'est aujourd'hui Morcone, au Royaume de Naples, dans le Comté de Molisse.

NOLA, petite Ville de la Province *CAMPANIA*, dans laquelle on faisoit, du temps de Caton, commerce de clous & de cabas de Campanie, (*V. CAMPANIA*) Chap. 135. C'est aujourd'hui une Ville Épiscopale de la Terre de Labour, au Royaume de Naples.

POMPEII, Ville de la Province *CAMPANIA*, près le Mont-Vésuve, où l'on faisoit des *Trapetes* du temps de Caton, Chap. 22, 135. Ce ne sont plus que des décombres auxquels les Habitans donnent le nom de Civita.

PONTUS, c'étoit une contrée de l'Asie mineure, qui prenoit son nom de sa situation le long du Pont-Euxin (la Mer Noire). La grande Absynthe, dont parle Caton Chap. 19, portoit le nom de cette Province.

PRÆNESTE, Ville du *LATIUM*, voisine de Rome, dont Caton célebre les noyers, Chap. 8, 51, 133, 143. C'est aujourd'hui Palestrina, dans la campagne de Rome.

PUNICUS, C'est un des noms sous lesquels les Carthaginois étoient connus. Les Romains appelloient la Grenade, *MALUM PUNICUM*, Chap. 7, 51, 126, 127, 133, parce que ce fruit leur étoit venu des Carthaginois. Il faisoient grand cas des ouvrages en bois que faisoient les Carthaginois, & dont l'assemblage étoit excellent. Caton recommande dans le Chap. 18, d'employer ce genre d'assemblage, qu'il appelle *PUNICANA COAGMENTA*, dans la construction de la table qui doit couvrir le tas à pressurer. Les Carthaginois se nourrissoient d'une bouillie qui leur étoit particuliere, raison pour laquelle Plaute désigne un Carthaginois par le mot *PULTIFAGUS*, qui veut dire mangeur de bouillie. Les Romains trouverent cette bouillie bonne, puisque Caton donne la façon de la faire dans le Chap. 85.

QUIRITES, c'étoit un des noms des Romains. Il vient de *QUIRINUS*, qui est le nom que l'on donna à Romulus, après qu'il eut été mis au nombre des Dieux; Tatius, Roi des Sabins, & Romulus n'ayant fait qu'un Peuple de leurs deux Peuples, les Sabins firent le plus grand nombre, & donnerent à Romulus ce nom tiré de *CURES*, qui étoit une de leurs villes:

Caton fait mention de coins auquels il donne le nom de *QUIRINIANA*, Chap. 7. On seroit tenté de croire que c'étoient des coins des environs de Rome, si Pline ne laissoit pas quelque nuage sur cette étymologie, lorsqu'en citant Caton 15, 14, il apelle ces coins *QUIRIA* & non pas *QUIRINIANA*.

ROMA, Ville Capitale de l'Italie, & par suite du monde entier. Elle l'est encore aujourd'hui de toute la Chrétienté : elle est située sur le Tybre, a environ neuf lieues de son embouchure dans la mer Toscane. On y faisoit, du temps de Caton, commerce de toutes sortes d'habillemens, de futailles, de charrues pour les terres fortes, de jougs, de socs, de serrures, de cabas, Chap. 135. Il paroît par le Chap. 149, qu'il y avoit des matieres, sur lesquelles les contestations survenues devoient toujours se porter en justice à Rome. Caton donne le nom de *ROMANICUS* ou *ROMANIENSIS* aux choses qui se fabriquoient dans cette Ville, comme aux charrues, aux socs, aux cabas, Chap. 135; de même qu'à celles qui y étoient d'un usage commun, comme à l'huile, Chap. 148, & au sel, Chap. 162.

SAGUNTUM, Ville des Peuples que les Anciens appelloient *HEDETANI*. On a élevé sur ses ruines une petite Ville appellée Morvedre, au Royaume de Valence en Espagne. Caton parle d'un figuier connu sous le nom de cette Ville, Chap. 8.

SALENTINI, Peuples de la Province *MESSAPIA* ou *JAPYGIA* en Italie. C'est aujourd'hui la terre d'Otrante dans le Royaume de Naples. Il y avoit encore d'autres Peuples de ce nom dans l'Ombrie. Les oliviers de l'une de ces Provinces sont célébrés par Caton, Chap. 6. On croit que ce sont ceux de la premiere.

SCANTIANA (MALA), on ignore quel est le lieu d'où ces coins tirent leur nom. On sçait seulement par Pline & Cicéron, qu'il y avoit dans la Campanie une forêt de ce nom, & des eaux qui vomissoient des flammes, sans sçavoir dans quelle partie de la Campanie elles étoient situées.

SERGIANUM, Ville sur les confins de la Province *LIGURIA* en Italie. C'est aujourd'hui Sarzanne dans l'Etat de Gênes, sur la riviere de Magra. Caton donne le nom de *SERGIANA* à une espece d'olivier, Chap. 6.

SUESSA, Ville de la Province *CAMPANIA* en Italie, plus connue sous le nom de *SINUESSA*. C'est aujourd'hui Sinuesse dans la Terre de Labour fur la côte. On y vendoit, du temps de Caton, des *Trapetes*, Chap. 22, des charretes, Chap. 135, & des cabas inférieurs pour la bonté à ceux de Rome, *Ibid.*

TARENTUM, Ville de la Province *MESSAPIA* ou *JAPYGIA* en Italie : aujourd'hui Tarente, Ville Archiépiscopale de la terre d'Otraute, au Royaume de Naples. Caton célèbre fes Poiriers, Chap. 7, & fes Cyprès, Chap. 151. Mais voyez la Note feconde de ce Chapitre.

TELANA (FICUS) Chap. 8. Nous ne connoiffons point le Pays qui a donné fon nom à ce figuier.

VENAFRUM, Ville de la Province *CAMPANIA* en Italie : aujourd'hui Vénafro, Ville Epifcopale de la Terre de Labour, au Royaume de Naples. On y vendoit, du temps de Caton, des pelles & des tuiles, Chap. 135. On y faifoit des cables, *ibid.* Les terres des environs de cette Ville étoient excellentes, Chap. 136, & fur-tout pour les oliviers, Chap. 146.

Fin de la Table.

ERRATA.

Page 12. *lig.* 12. uſtenſiles, *liſez* uſtenſile.

Pag. 33. *lig.* 2. faux, *liſez* ſerpes.

Pag. 37. *lig.* 23 & 24. hauteur, *liſez* largeur, & *lig.* 24. largeur, *liſez* hauteur.

Pag. 48. *lig.* 11. de chaque côté, *liſez* aux côtés.

Pag. 56. *lig.* 17. ſon, *liſez* leur.

Pag 67. *lig.* 5. une, *liſez* un.

Pag. 81. *lig.* 9. l'une de l'autre, de façon, *liſez* l'une de l'autre. Il faut.

Pag. 83. *lig.* 4. & 6. plant, *liſez* pépiniere.

Pag. 85. *lig. dern.* d'Oueſt, *liſez* Favonius.

Pag. 152. *lig.* 6. *avant* deux doigts, *mettez* un pied &.

Pag. 154. *lig. pénult.* ſoin, *liſez* foin.

Pag. 200. *lig.* 8 & 9. extérieure, *liſez* extérieur.

Pag 201. *lig.* 17. *Fig.* II, *liſez Fig.* IV.

Pag. 203. *lig.* 22. tours, *liſez* cours. *Lig.* 32. l'antérieure, *liſez* l'antérieur.

Pag. 204. *lig.* 21 & 22. aboutées, *liſez* abouties.

Pag. 207. *lig.* 31. largeur, *liſez* longueur.

Pag. 210. *lig.* 17. *après* appercevoir, *liſez* qu'ils ne gênent point, & *lig.* 34. le Cable, *liſez* l'Arbre.

Pag. 211. *lig. pénult. après* en fit, *liſez* toujours.

Pag. 212. *lig. pénult.* MILLARIUM, liſez MILIARIUM.

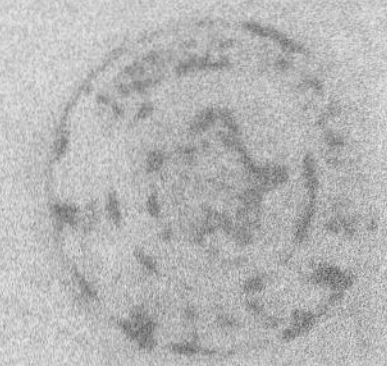

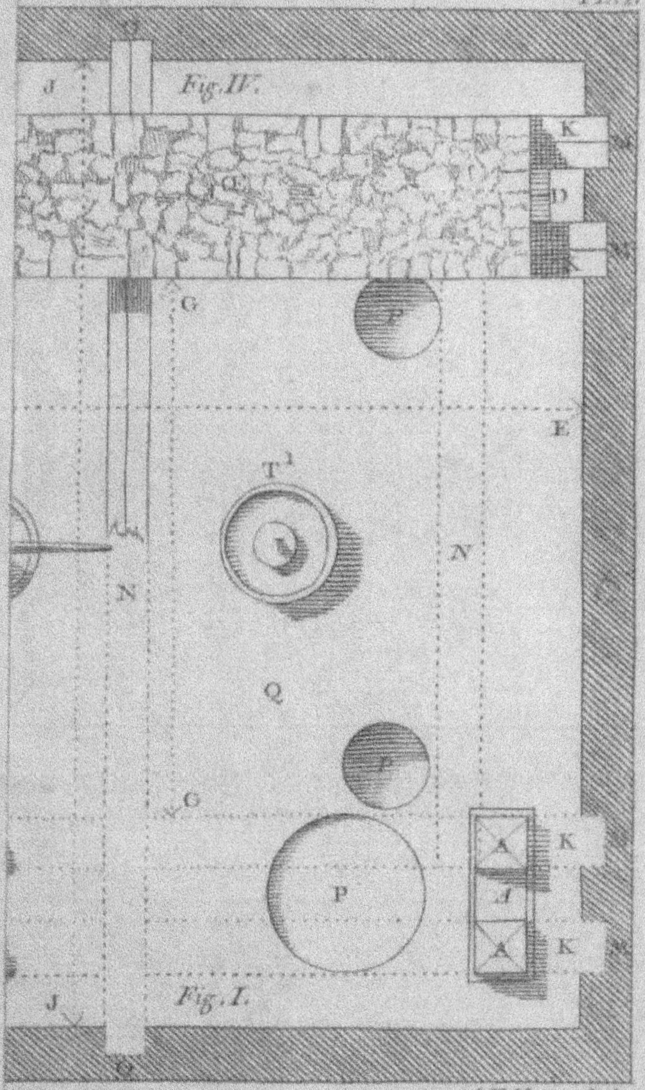
PL. I.
Fig. IV.
J
K
D
K
G
P
E
T
N
N
Q
P
G
A
K
A
A
K
P
J
Fig. I.
A.F. Vincent Sculp.

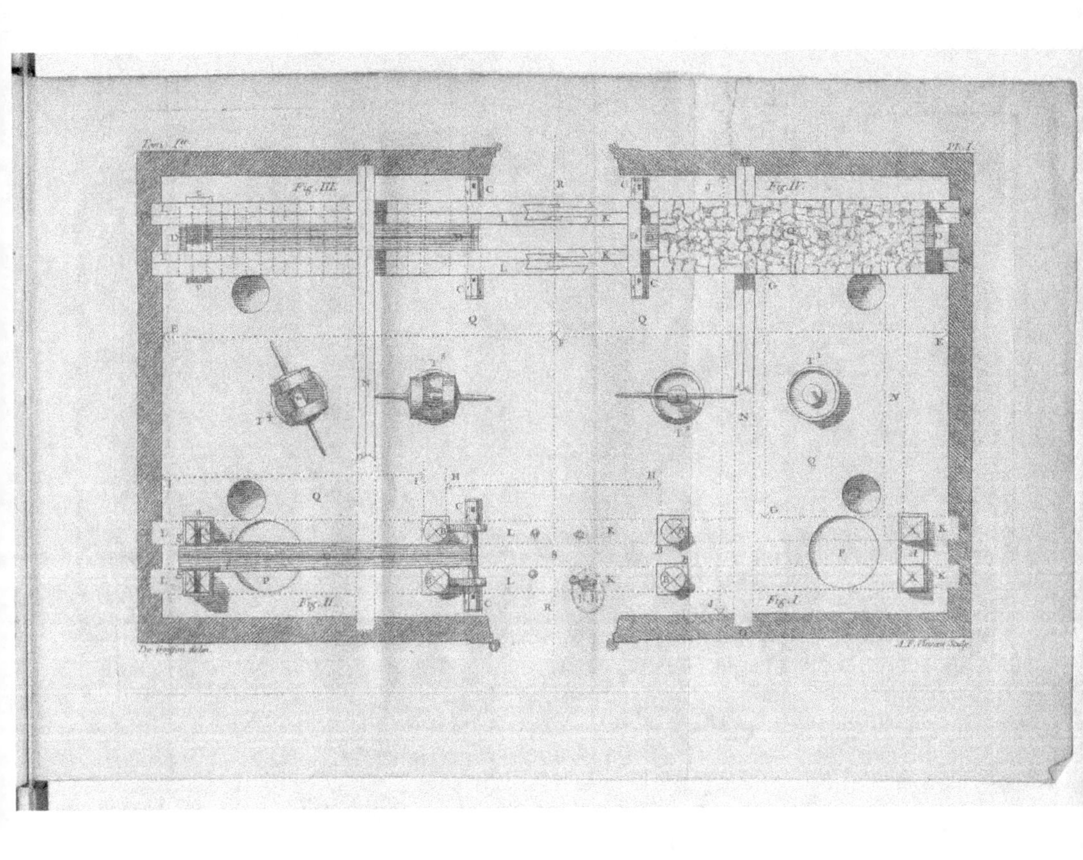

Tom. I.er
Pl. I.
Fig. III.
Fig. IV.
Fig. II.
Fig. I.
De troisson del.
A. F. Flourens Sculp.

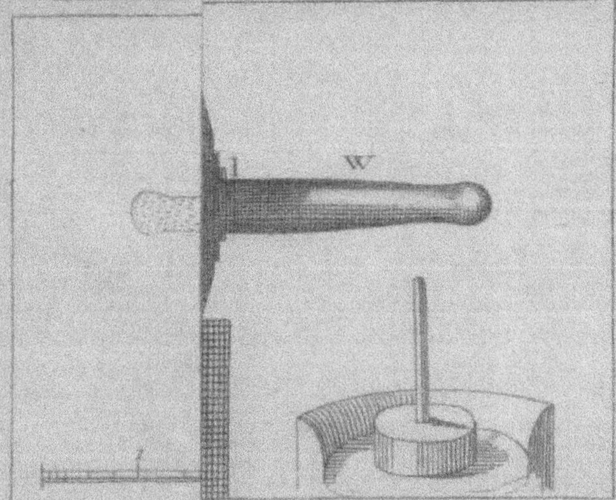

De Gussou delin.

A.F. Vincent Sculp.

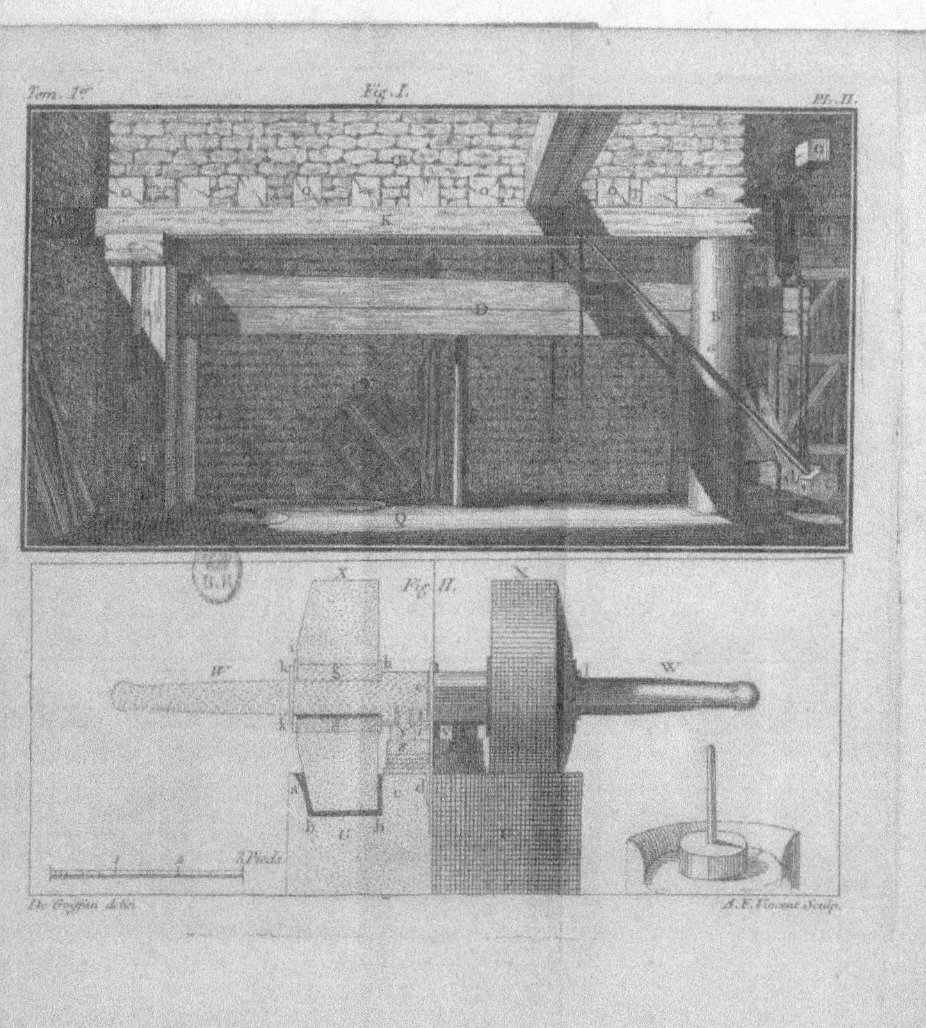
Tom. I.er
Fig. I.
Pl. II.
Fig. II.
3.Pieds.
De Griffou delin.
A.F. Vincent Sculp.

APPROBATION.

J'ai lu, par ordre de Monseigneur le Chancelier Garde des Sceaux, un Ouvrage qui a pour titre : *Traduction des Auteurs Latins sur l'Agriculture & l'Art Vétérinaire*, & n'y ai rien trouvé qui puisse en empêcher l'impression. A Paris, le 16 Août 1770.

Signé, BOURGELAT.

PRIVILEGE DU ROI.

LOUIS, par la grace de Dieu, Roi de France & de Navarre : A Nos amés & féaux Conseillers, les Gens tenans nos Cours de Parlement, Maîtres des Requêtes ordinaires de notre Hôtel, Grand-Conseil, Prévôt de Paris, Baillifs, Sénéchaux, leurs Lieutenans Civils, & autres nos Justiciers qu'il appartiendra : SALUT. Notre amé le Sieur FRANÇOIS-AMBROISE DIDOT, Libraire : Nous a fait exposer qu'il désireroit faire imprimer & donner au Public, *une Traduction des Auteurs Latins sur l'Agriculture & l'Art Vétérinaire*, s'il nous plaisoit lui accorder nos Lettres de Privilége pour ce nécessaires. A CES CAUSES, voulant favorablement traiter l'Exposant, Nous lui avons permis & permettons par ces Présentes, de faire imprimer ledit ouvrage autant de fois que bon lui semblera, & de le faire vendre & débiter par tout notre Royaume pendant le temps de six années consécutives, à compter du jour de la date des Présentes. FAISONS défenses à tous Imprimeurs, Libraires, & autres personnes, de quelque qualité & condition qu'elles soient, d'en introduire d'impression étrangere dans aucun lieu de notre obéissance ; comme aussi d'imprimer, ou faire imprimer, vendre, ou faire vendre, débiter, ni contrefaire ledit ouvrage, ni d'en faire aucuns extraits sous quelque prétexte que ce puisse être, sans la permission expresse & par écrit dudit Exposant, ou de ceux qui auront droit de lui, à peine de confiscation des Exemplaires contrefaits, de trois mille livres d'amende contre chacun des contrevenans, dont un tiers à Nous, un tiers à l'Hôtel-Dieu de Paris, & l'autre tiers audit Exposant, ou à celui qui aura droit de lui, & de tous dépens, dommages & intérêts, à la charge que ces Présentes seront enregistrées tout au long sur le Registre de la Communauté des Imprimeurs & Libraires de Paris, dans trois mois de la date d'icelles ; que l'impression dudit Ouvrage sera faite dans notre

Royaume & non ailleurs, en bon papier & beaux caracteres; conformément aux Réglemens de la Librairie, & notamment à celui du 10 Avril 1725, à peine de déchéance du présent Privilége; qu'avant de l'exposer en vente, le Manuscrit qui aura servi de Copie à l'impression dudit Ouvrage, sera remis dans le même état où l'Approbation y aura été donnée, ès mains de notre très-cher & féal Chevalier, Chancelier-Garde des Sceaux de France, le Sieur DE MAUPEOU; qu'il en sera ensuite remis deux Exemplaires dans notre Bibliothèque publique, un dans celle de notre Château du Louvre, & un dans celle dudit sieur DE MAUPEOU : le tout à peine de nullité des Présentes. Du contenu desquelles vous mandons & enjoignons de faire jouir ledit Exposant & ses ayant causes pleinement & paisiblement, sans souffrir qu'il leur soit fait aucun trouble ou empêchement. VOULONS que la Copie des Présentes, qui sera imprimée tout au long au commencement ou à la fin dudit Ouvrage, soit tenue pour duement signifiée, & qu'aux copies collationnées par l'un de nos amés & féaux Conseillers, Secrétaires, foi soit ajoutée comme à l'original. COMMANDONS au premier notre Huissier ou Sergent sur ce requis, de faire pour l'exécution d'icelles, tous actes requis & nécessaires, sans demander autre permission, & nonobstant clameur de haro, charte normande & Lettres à ce contraires; Car tel est notre plaisir. DONNÉ à Paris le douzième jour du mois de Septembre l'an de grace mil sept cent soixante-dix, & de notre règne le cinquante-cinquième. Par le Roi en son Conseil.

LE BÈGUE.

CESSION.

Je reconnois n'avoir aucun droit au présent Privilege, & qu'il appartient à M. PIERRE-FRANÇOIS DIDOT, mon Frere, A Paris, ce 15 Septembre 1770.

DIDOT, l'aîné.

Registré le présent Privilege, & ensemble la Cession sur le Registre XVIII. de la Chambre Royale & Syndicale des Libraires & Imprimeurs de Paris, N°. 1189, fol. 238, conformément au Réglement de 1723, A Paris, ce 19 Septembre 1770.

J. HERISSANT, Syndic.

9 782329 236216